U0047183

LOCUS

LOCUS

LOCUS

LOCUS

**touch**

對於變化，我們需要的不是觀察。而是接觸。

a *touch* book
Locus Publishing Company
11F, 25, Sec. 4 Nan-King East Road, Taipei, Taiwan
ISBN 986-7600-22-3 Chinese Language Edition

Lee Kun Hee

Copyright © 2003 by Hong, Ha-Sang
Traditional Chinese Translation Copyright
© Locus Publishing Company, 2003
This translation has been published by arrangement with
The Korea Economic Daily & Business Publications Inc.
through Carrot Korea Agency, Seoul
ALL RIGHTS RESERVED

Printed in Taiwan

**李健熙的第一主義**

作者：洪夏祥
譯者：黃蘭琇
責任編輯：湯皓全　美術編輯：謝富智
法律顧問：全理法律事務所董安丹律師
出版者：大塊文化出版股份有限公司　e-mail: locus@locuspublishing.com
臺北市105南京東路四段25號11樓　**讀者服務專線：0800-006689**
TEL:(02)87123898　FAX:(02)87123897
郵撥帳號：18955675　戶名：大塊文化出版股份有限公司
版權所有　翻印必究
總經銷：大和書報圖書股份有限公司　地址：臺北縣三重市大智路139號
TEL:(02)29818089（代表號）　FAX:(02)29883028　29813049
排版：天翼電腦排版印刷股份有限公司　製版：源耕印刷事業有限公司
初版一刷：2003年12月

定價：新台幣280元

touch

# 李健熙的第一主義

三星競爭力的核心，眼光指向未來十年的企業家

Lee Kun Hee

MBC放送大賞作家獎、《韓國日報》出版文化獎

洪夏祥

黃蘭琇⊙譯

# 目錄

作者序　7

1 二〇〇二年的三星　11
成功大逆轉

2 新領袖風範　41
從小日本留學生到企業繼承人

3 入主三星　113
第二創業以及超越父親

4 一流標竿學習　149
要第一就不能第二

5「從我開始改變！」　211
除了妻兒，一切換新

6 不捨不得　243
IMF 危機與「拋棄吧！」經營

7 人才即是資產　261
一個天才就能養活十萬人口

8 從三星看天下　287
問題與對策

9 最受尊敬的韓國CEO　303
李健熙與他的經營觀

# 作者序

「壽司也是三星做的最好吃。」

這句話代表的是三星集團所做的商品，無論是企畫力、產品生產力、行銷能力以及廣告宣傳能力，各方面都領先於其他企業。

二〇〇三年，三星集團總裁李健熙董事長，很少出現位於三星總公司的董事長辦公室，而主要是在漢南洞的承志園處理業務。夜行性體質的李健熙，主要的工作時間就在晚上。但與其說是工作，不如說是花時間沈浸於思考當中還比較恰當。

隨便吃幾口壽司充飢果腹，李健熙一旦陷入思考，有時候甚至可以連續四十八小時不睡覺。

在著手從事任何事業之前，在還沒有得到自己想要的答案之前，李健熙總會反覆地進行調查，並且不斷地詢問自己「爲什麼?」，同時詢問自己至少五次以上：公司從事這項事業的理由爲何。接著又反覆思考至少十次以上。

他有時語無倫次，說話時語調緩慢，表情也沒有什麼變化，他不太會記住別人的名字，不經常露面，十分寡言，但是喜愛思考。

李健熙經常思考，也交代所有主管對於所有未知的事物要勤於思考。

他強調，必須及早診斷出何處可能會發生危機，藉此喚醒全體職員的危機意識。要刺激企業、培植人力，如此才能獲得成果。

他所從事的是小米式的經營。不對，是微觀式的經營。不，是「選擇與集中」才對。他沒有單獨的正確答案。唯有將所有東西集中起來，才會出現接近的答案。但那也不是正確解答。他就是透過這樣反覆思考，進而產生他獨特的想法。

他可以坐在窗邊思考上一整天。承志園也好、飛機上也好，他就如同石膏像一般一動也不動地沈浸在自己的思考當中。

李健熙沒有任何正式的博士學位。不過，漢城大學曾頒授給他經濟學榮譽博士學位。我們可以這麼說：他是養狗專家、高爾夫球博士、日本歷史博士，更是機械方面的博士。

在養狗方面，他會一直專注到研究出最高水準的飼養方法爲止。他不斷地鑽研高爾夫、日本歷史、機械、高爾夫球場的草地等領域，因而在各方面擁有許多個人獨到的見解。爲了成爲一位好爸爸，他認爲至少應該閱讀三〇次以上的育兒百科全書才夠資格。

他懂的事情很多，但他也隨時推翻自己。他推翻自己所知道的一切事情，以及從書上得到的知識。他連自己的想法也在推翻，每一分每一刻，他都不斷對自己的判斷提出質疑。

二〇〇二年韓國世界盃足球賽進入前四強，經濟條件的好轉，國民所得三萬美元，經濟四強等漂亮的成果一一展現。然而二〇〇三年韓國的經濟狀況又開始結冰、陷入困境。

三星集團二〇〇二年締造出史上最佳的成果。不僅是銷售總額，就連淨利方面也創下有史以來的新高。原先預期三星會有十分艱困的一年，又再度刷新紀錄。

三星的 know how 爲何？李健熙經營的要訣又是如何？李健熙是什麼樣的人？爲了找到這些答案，我才開始了這本書的寫作。

本書寫作耗時一年，其困難過程幾度讓我想中途放棄，所幸，我終於可以排除萬難完成全書的寫作。

# 1

# 二〇〇二年的三星

## 成功大逆轉

歷經五十小時所進行的高階主管會議，

會議訂定出在二〇一〇年之前

讓三星電子躋身至「世界前三強」的中長期發展策略。

這個中長期目標就是讓三星電子與

世界第一的美國奇異（GE）公司、日本新力，

並列世界電子業界的最高地位。

## 首次超越新力

二〇〇二年四月二日、美國紐約股市發布的行情：三星電子市價總額爲六十五兆六八〇〇億韓圓，遠比新力市價總額六十三兆五六〇〇億韓圓還多出二兆一二〇〇億元。

這是三星電子有史以來首次超越新力的實據。紐約股市的報導資訊一公布，韓國與日本的輿論界便不約而同大幅報導三星電子超越新力的消息。

這期間，雖然韓國人本身已將三星電子視爲韓國企業的龍頭，但是從未想像三星電子已經成長到足以超越新力的程度。

在這之前不久的二〇〇二年三月十九日，全世界聞名的時事評論雜誌——美國《時代雜誌》，於一篇有關於品牌認知度的報導中，就已經預測三星電子三年之內即將超越世界家電第一品牌的新力。

《時代雜誌》在報導中指出三星超越新力的可能性：「在一九九七年之前，消費者是因爲買不起新力、三菱等品牌的電視或錄放影機才會購買三星的家電產品；但自從一九九七年之後，三星的家電產品不但已經具備與新力等品牌不相上下的品質水準，更因爲價格上的優勢，更容易獲得消費者青睞。」

而也正如《時代雜誌》所預期的，三星電子果然沒多久就超越了新力。這其中有兩個重要原因。

首先，這要歸功於三星電子去年第一季的銷售成績。

三星電子二〇〇二年第一季的銷售成績如下：銷售額九兆九三〇〇億韓圜、毛利二兆一〇〇〇億韓圜、淨利一兆九〇〇〇億韓圜。

以各部門的銷售及收益情形來看：半導體部門銷售額二兆九七〇〇億韓圜、收益九九〇〇億韓圜；通訊部門（如行動電話）銷售額二兆九四〇〇億韓圜、收益八〇〇〇億韓圜；數位影音部門（TFT-LCD、數位電視等）銷售額二兆六七〇〇億韓圜、收益二〇〇〇億韓圜；生活家電部門銷售額九二〇〇億韓圜、收益金額一一〇〇億韓圜。

三星電子之所以能超越IT市場、半導體市場上的其他國際競爭業者，最大的原因正在於三星電子優異的銷售表現。

因為在三星電子創下亮眼銷售紀錄的同一期間，新力的銷售損失金額高達五十五億日幣（相當於五五〇億韓圜）；而一向位居行動電話領導品牌的美國摩托羅拉也開始出現銷售赤字。

外國投資人大舉買入三星電子的股票、使得三星電子的股價持續上漲；而從二〇〇一年五月以後，新力的股價開始出現下降的走勢。

二〇〇一年三星電子的銷售總額為三十二兆三八〇三億韓圜、淨利二兆九四六九億韓圜；而新力雖然達到三星電子兩倍的銷售總額七十五兆七〇七二億韓圜，但其淨利額卻僅有一五二八億韓圜。換句話說，新力的獲利程度僅僅是三星電子五・一八％的水準而已。

英國《金融時報》（*Financial Times*）就以一句「青出於藍而更勝於藍」明白指出三星電子已經超越了新力的事實。

美國經濟雜誌《財星雜誌》（*Fortune*）也分析說：三星電子獨創的產品與其成功高級化的品牌印象是凌駕新力的主要原因。不僅如此，在該報導中，《財星雜誌》更是大力讚賞三星電子能兼備超一流企業所應有的完整財務結構、超強市場支配力及產品競爭力。

三星電子致勝的第二個原因更值得矚目。美國《時代雜誌》分析：三星電子成功的背景，在於其攻擊性的經營方式以及強而有力的組織改革能力。特別是三星運用了卓越的設計以及尖端技術，在開發新世代家庭數位影音商品（結合個人電腦ＰＣ、DVD Player 等全套商品）領域上，更是領先於新力、微軟等一流企業之上。

韓國的輿論界也一致爲此大書特書：學習自日本的三星電子，在不到三十年的時間就超越了日本。

## 日本受到強烈的衝擊

日本電子業界受到重大衝擊。

在一九七〇年代之前還從三洋電機（Sanyo Electric Co.）學習晶管體、收音機、TV生產技術的三星電子，竟然市價總額能超越日本第一品牌——新力，日本電子業界對此無不感到震驚。

因爲在一九九三年之前，三星電子在世界商業市場中，不過被認爲是韓國財團企業中的一個企業公司而已。短短不到十年的時間，三星電子就能躋身與世界第一家電品牌——新力並列的地位。

對此，日本最大的證券公司—野村證券分析師柴史郎氏就曾分析：「三星電子不但能高效率地掌控生產成本費用，還具備比夏普、日立等公司更優秀的產品技術。日本業者早在兩年前就無法與三星電子競爭了。」柴史郎氏毫不吝嗇地大力讚許三星電子。

新力總裁出井伸之會長在私下的場合曾表示：「三星電子在零售方面的表現，確實是領先新力」，表現出對於三星電子的警戒心。新力方面並且開始在會議場合中，分析三星電子的資本結構，作爲擬定未來企業競爭策略時的參考。

新力與美國奇異電子（GE）並列爲世界第三大家電公司，在亞洲，新力更是亞洲第一的家電企業公司。

根據二〇〇一年英國 Inter-brand Online 公司的調查結果顯示：在亞洲地區的消費者對新力有三十七%的品牌認知度(品牌價值一三九億美元)，對三星集團則有一九%的品牌認知度（品牌價值八十三億美元）。也就是說，新力與三星在亞洲地區的品牌認知度分列第一與第二的地位。

而原先還位於新力之後的三星集團，竟然開始領先世界家電品牌第一名的新力，出井會長對於三星集團再也不能等閒視之。

再加上日本經濟的逐漸衰退，新力與豐田汽車（Toyota Motors）可說是日本產業的代表。因為三星電子的超越，新力方面開始擔憂自己於世界市場中的領先地位可能因此而受到影響。過去的韓國普項鋼鐵場就是從日本引進技術，到後來普項鋼鐵的表現超越日本最大的「新日本製鐵」，而成為世界頂級的鋼鐵公司。有此前車之鑑，新力因此不得不更加提防三星電子。

新力對三星警戒的心機在以下幾個事件中顯露無遺：

由新力的關係企業——美國哥倫比亞電影公司（Columbia Pictures）所監製的電影「蜘蛛人」（Spider-Man），將拍攝場景當中原先懸掛在時代廣場建築物上的三星電子廣告看板，透過電影剪輯技巧置換為「USA Today」的新聞廣告。

在電影中，完整地拍攝出紐約時代廣場繁華的建築物與街景，其他各家企業的宣傳廣告看板也都忠實地在影片中呈現出來，唯獨三星電子的廣告看板出乎意料地被置換掉。

不僅如此，電視上所播映的電影宣傳廣告中，也將三星電子廣告改為播放其他公司無線電話的廣告。

新力對三星電子的在意程度由此可見一斑。

儘管如此，三星集團李健熙董事長嚴令禁止發表任何可能刺激新力的言論，另一方面出井會長也向三星電子尹鍾龍副董事長表達鄭重的致意，希望化解雙方不必要的誤會。

出井會長與李健熙董事長兩人私底下不但交情密切，更同是早稻田大學學長與學弟的關係。

此外，三星與新力在某些部門產業中也保持策略性的合作關係。新力是三星半導體晶片的大宗客戶，二〇〇一年三星放棄生產多媒體卡而改爲購買新力的記憶卡（memory stick）產品。

由此可見，這兩家公司，在以攻略世界數位家電市場爲首要目標的同時，仍與競爭對手保有相互合作的友好關係。

就在三星電子股價首度超越新力、讓全韓國與日本大爲興奮與驚訝的四月二十二日這一天，位於日本東京的日本三星分公司有位貴客登門來訪。

來訪的不是別人，正是日本三洋電機會長井植敏。

三洋電機係於一九四七年創業、是日本首屈一指的家電公司。從業人員共計一七二三九名（截至二〇〇二年三月統計）、資本額一七二二億日圓、關係企業共計一一四家。

井植敏會長是三洋電機前會長——井植歲男的兒子。一九六九年、井植歲男會長同意三星李秉喆會長提出以產品貼上三洋電機ＯＥＭ的方式生產十二吋黑白電視的要求、而將三洋電機製作電視的技術傳授三星。

井植會長表示來訪的理由：「希望瞭解三星電子是如何超越新力，因此就直接前來拜訪。」

三洋電機會長的來訪，對三星而言，恍如隔世。

原先連黑白電視機都無法生產、必須向三洋電機學習技術的三星；而現在反倒是三洋電機低著頭來請教三星的技術以及企業經營方法。換句話說，就是老師反過來向弟子請教學問。

這個事件不但象徵三星電子對日本業界的影響，同時也讓日本企業不得不重新評估三星電子。

## 三星成功大逆轉的背後

三星電子能成功大逆轉的背後有幾位優秀的領導人物：同時兼任三星電子副董事長與三星電子經營管理者的尹鍾龍副董事長、半導體部門總經理李潤雨、數位媒體部門總經理陳大濟、數位生活家電部門總經理韓龍外、負責三星行動電話——Anycall的情報通訊事業部總經理李基泰等人。

此外，代替李健熙董事長擔任指揮三星集團內部的「集團結構調整本部」總經理李鶴洙也是三星電子一舉成功的眾功臣之一。然而最大的功臣還是非董事長李健熙莫屬。

從提出半導體的開發方式、到指出行動電話「通話」、「結束」鍵按鈕設計上的缺失、以及設計出按實績給予員工最高五〇%年薪的分紅（profit sharing）以及股票選擇權等等，李健熙董事長透過這些多樣化、創新的經營方式，帶領著三星以全新面貌躋身世界一流企業的行列。

然而李健熙董事長因身爲財閥第二代、也就是李秉喆董事長兒子的家世背景下，他的經營領導能力長期以來一直未能獲得正面的肯定。事實上，李秉喆董事長過世之後，三星能繼續不斷地蓬勃發展，大部分仍得歸功於李健熙董事長過人的經營能力，以及其極具前瞻性的優異判斷能力。

當李健熙董事長的祕書向李董事長報告三星電子終於贏過新力，三星電子上下員工十分興奮的消息，李董事長卻意外地板著臉孔、反應冷淡。

李健熙認爲三星的技術仍落後新力，擔憂三星人員會因此就感到自滿。因此，在不久之後李健熙就對全集團各部門發佈以下五個戒律：

一、不誇耀公司。

二、不接受往來公司的高爾夫球招待活動。

三、不接受毫無理由的獎項。

四、不需要過大的宣傳（PR）。

五、聚會時避免過多的言論。

以上這些指示是爲了避免員工過於自滿、並喚起員工自覺心的指示方針。李健熙董事長自己平時也屢屢向公司員工勸誡：「危機總是在最驕傲的時候到來。現在之所以無法進步發展，就是因爲太過於自信所引發的退步所致。」再三地強調過份自信可能引來的後果。

然而「在聚會時避免過多的言論」此一戒律乍看之下雖然微不足道，但卻是具體性、簡單易懂的指示方針。許多世界知名大企業所下達的指示命令就無法如此簡潔明瞭。但是只要從三星電子的歷史來看，就可以明白這樣簡而有力的命令風格其實是沿襲三星固有的企業傳統。

前李秉喆董事長曾有一次在聽取報告時，得知派遣至日本學習開發半導體的所有研究人員搭乘同一天、同一班飛機返國的消息，因而勃然大怒地斥責相關人員。

李秉喆擔憂的是，萬一要是不幸發生事故，這些耗盡心力、好不容易習來的技術不也就毀於一旦嗎？

「即使是由石頭搭乘的橋，也必須敲打確認是否穩固後才過橋」，這是當代「智將」——李秉喆董事長展現其身爲企業領導人過人的謹慎之處。

從一九三八年三星商會創立、到一九八七年爲止，在這四十九年期間李秉喆董事長以其纖細與縝密爲基石，帶領三星成爲韓國第一大企業。而其繼承人李健熙在各方面也繼承父親的品行與能力。不僅如此，李健熙董事長透過凌駕於前董事長、以其更優異的企業經營哲學，不但讓三星成長了十四倍以上（與一九八七年比較），更領導三星發展成爲韓國最大、世界最大的半導體企業。

二〇〇三年是李健熙繼承三星企業的第十六個年頭。無庸置疑的，李健熙董事長的經營能力不僅在韓國國內首屈一指，同時更提升到獲得世界一致肯定的程度。

然而就在三星集團上下還沈醉在歡樂慶祝股價總額超越新力的同時，李健熙董事長下達召集緊急會議的命令。

## 集團首腦級主管的學術會議

二〇〇二年四月十九日下午，三星電子最高首腦級的領導人物全部聚集在位於龍仁（地名）的「三星人力開發院」。這些首腦級的人物正是三星電子與三星ＳＤＩ、三星電機、三星Corning等電機、電子關係企業的最高經營者，以及集團企業關係人員共二十六名。

當日出席龍仁聚會的人員有：李健熙董事長、電機．電子部門的尹鍾龍副董事長、半導體部門李潤雨總經理、數位生活家電部門韓龍外總經理、數位媒體總經理陳大濟、記憶體事業部門黃昌圭經理、行動電話電子通訊網路部門李基泰經理、LCD部門李相浣副總經理、系統LSI部門林亨圭總經理、經營支援事業部崔道錫總經理、三星SDI金淳澤經理、三星SDS金亨器經理、三星Corning宋容魯經理等；集團內部方面有結構調整本部李鶴洙本部長（總經理級）、結構調整本部李淳東副本部長（負責公關）等人參加。

出席這次會議的人員，皆是集團內各部門中公認的傑出領袖人物，個個都是響叮噹的知名企業經營人士。

尹鍾龍副董事長出生於慶尙北道靈川，漢城大學電子工學院畢業後，一九六六年進入三星集團，之後一直在電子部門工作。

一九七七年出任三星電子東京支社支社長、一九八〇年擔任三星電子電視及錄像機（VIDEO）事業部門部長、一九八五年擔任三星電子綜合研究所所長、一九九二年出任三星電子家電部門總經理、一九九六年被任命爲日本當地法人社長。

一九九六年半導體的景氣急速下降、公司營運上面臨重大危機，當時尹鍾龍以「救援投手」的身份出任三星電子總經理，裁撤三〇%的職員，更強力的實施調整呼叫器等一四五種限制用品的使用。並且將三星電子出口主要項目由原先的以半導體爲主，修正改以行動電話、尖端數位家電產品爲出口主要商品，使得三星晉升爲世界級的家電公司。二〇〇一年一月升任至僅次於李健熙董事長職位的三星電子副董事長一職。

然而這些職位並不影響尹副董事長的專業技術能力，尹副董即使閉著眼睛依然能夠正確地畫出VTR迴路圖。

尹副董事長一年當中有三個月是在國外出差。他到國外出差時不喜歡當地職員到機場接機，重實務的他總是親自到工作現場去記錄並瞭解當地的工作及營運狀況。

眞正的經營者必須用半年的時間來把握市場的走向，另外半年時間則必須用來建構可洞悉未來市場的策略。如何能預測出在三～四年就能有所成就的事業、以及在五～十年之後能成爲主力事業的種子商品，對經營者而言，這種預測能力以及建立因應策略是相當重要的。

而這正是尹鍾龍副董事長的經營哲學。

結構調整本部李鶴洙本部長是三星的理財高手。

高麗大學商學院畢業，一九七一年進入第一紡織，之後就在現今結構調整本部的前身──祕書室工作到現在。

李鶴洙本部長憑著清晰的頭腦及判斷力，被稱為李健熙董事長的得力右手。在三星集團內部負責各種問題的協調及統整工作，扮演第一線指揮司令的角色。

半導體事業李潤雨總經理，慶尚北道月星人，韓國漢城大學電子工學院畢業，一九六八年進入三星集團。自一九七六年開始便一直在半導體部門工作，是致力將三星半導體推上世界級地位的重要人物之一。

一九八五年全世界半導體的發展遇到瓶頸，在擴展晶圓尺寸困難的時候，李潤雨反而極力促進256KB DRAM與1MB DRAM的量產，並且改採攻擊性的經營方式，以提升三星的競爭力。

一九九〇年為了準備LCD事業的發展，李潤雨甚至遠赴日本二手書店蒐集相關資料。一九九四年成功地開發液晶螢幕裝置（TFT-LCD），三星在半導體領域正逐漸往世界第一的王位邁進。

李潤雨在一九九〇年代後半，大量研讀生物學相關領域書籍，尤其對於生命工程有著特別深厚的興趣。

「最簡單的最有價值」（Simple is best）是李潤雨平時篤信的信念。

相信「最簡單的最有價值」是他行事一貫的座右銘，他深信只要能正確掌握最核心的基本觀念，再困難的問題無一不能迎刃而解。

數位媒體（TFT-LCD、數位電視等）部門總經理陳大濟，韓國漢城大學電子工學院畢業，於美國MIT、史丹佛大學取得碩士、博士學位後，先後進入IBM、惠普（Hewlett-Packard）等公司擔任研究員，一九八五年返國後進入三星，是帶動韓國半導體產業的重要人物之一。美國公司不惜以空白支票的不設限獎金極力挽留陳大濟，然而陳大濟以「我回韓國是爲了要贏過日本」的理由回絕，返回韓國投入三星半導體的研究行列。

他在三星開發出 4MB DRAM 之後，一九八九年四月起擔任 16MB DRAM 開發團隊隊長，不到一年時間，就成功完成開發。到一九九九年爲止，不但持續進行半導體的開發工作，更是讓三星產品躋身到世界市場第一位的頭號功臣之一。

數位媒體部門二〇〇二年第一季的銷售總額二兆六七〇〇億韓圜，爲公司帶來二〇〇〇億韓圜的淨利。

黃昌圭總經理自美國MIT大學取得電子工學博士學位之後，原先任職於美國英特爾（Intel）公司，一九八九年起投入三星，並成爲全世界第一個成功開發出 256MB DRAM 的人物。

現在黃昌圭擔任記憶半導體部門經理，該部門於二〇〇一年締造出六兆三〇〇〇億韓圜的銷售成績。

情報通訊事業部李基泰總經理是創造出三星行動電話—Anycall的主要人物。

韓國是世界第一的行動電話生產國家。

三星於二〇〇一年生產二九〇〇萬支行動電話（全世界行動電話總銷售量三億九〇〇〇萬支），世界市場的佔有率爲七％。總銷售額七兆韓圜的成績，世界排名第三名。

李基泰總經理目前住在鷺院洞（漢城地名）一處二十七坪租來的公寓中。而這恐怕還是公司爲他找來的住所。李總經理年薪雖然超過數十億韓圜以上，但他的薪資往往都花費在捐助農村地方教會幾百萬、從電視報導中得知欠缺手術醫療費又捐出幾千萬、贊助撒哈拉、菲律賓等地傳教士幾百萬、協助建立青少年教養院捐出幾億元、定期寄錢資助失依兒童老人生活等慈善愛心活動上。

李相浣經理負責世界第一、韓國液晶螢幕（LCD）事業中——三星LCD事業部門的工作。他就是將原先在技術上被視爲不可能達成的四〇吋LCD開發成功的幕後功臣。自一九七六年進入三星之後就一直在電子部門工作。

生活家電事業部門總經理韓龍外，不但身兼集團祕書室的財務理事、三星文化財團的代表理事，主要擔當生活家電事業部門總經理一職。

二〇〇二年第一季生活家電部門銷售額爲九二〇〇億韓圜，淨利爲一一〇〇億韓圜。

林亨圭經理是LSI系統（非記憶體）部門的負責人。一九七六年加入三星，一九八一年在美國加州大學取得博士學位之後，再度以首席研究員的身份回到三星半導體的開發團隊，曾任記憶體事業部門部長，二○○○年開始擔任LSI經理至今。

經營支援部門崔道錫總經理，延世大學畢業後，進入素有三星士官學校之稱的第一紡織擔任經營管理課課長。一九八○年開始進入三星工作，曾經主管過經營管理、財務管理等工作，現在主管人事、資金、經營、管理之工作。換句話說，崔總經理主掌著三星電子的內部生計。

三星SDI金淳澤經理自慶北大學經濟系畢業後，即進入三星集團祕書室工作十八年，是企畫方面的頂尖人才。舊名為三星電管的三星SDI是全世界最大的映像管生產企業。近來因應市場走向，研發生產回收家電、PDP電漿電視、超大型彩色映像管等產品，並且與世界級的企業保持密切的合作交流關係。

三星SDS金亨器經理畢業自漢城大學商學院，原先任職於中小企業銀行，一九七八年進入第一紡織擔任企畫室室長，同時並負責三星電子的經算專員，從二○○一年一月起擔任三星SDS代表理事、經理一職。金亨器經理在二○○一年被世界級的通訊雜誌《電腦世界》選為「世界級IT前一○○名領袖人物」。

三星Corning宋容魯經理喜愛慢跑，數十年如一日。每天清晨他獨自一邊慢跑、一邊告訴自己：「我一定做得到。」他每天持續慢跑的毅力造就他在商場上的堅毅精神。

出席當天會議的人員全是三星集團內電子・電機部門以及經營管理領域知名的最高領袖

人物。這幾位三星集團的最高首腦每年從三星領走鉅額的薪資。

尹鍾龍、李鶴洙、陳大濟、韓龍外等三星集團大老級人物，每人的年薪資都有三十六億七〇〇〇萬韓圜左右的水準；而根據證券交易所的報導顯示三星SDI的情況，以金淳澤經理爲首等集團內相當職位的人士，每人的年平均所得約爲九億二〇〇〇萬韓圜。

不僅如此，他們還有三星的股票認股權。

截至二〇〇〇年三月，三星電子總共有七十五位各級主管擁有股票認股權，其中尹鍾龍副董事長、李鶴洙結構調整本部部長擁有以每股二十七萬七〇〇〇元的股價，購入十萬股股票的權利。陳大濟、李潤雨等總經理級人物最多可購入七萬股；經理級主管可購入四～五萬股；其他人員則有五〇〇〇～三萬股的認股權。

三星經理級人物大部分都有至少數十億韓圜的基本收入。

這些可說是韓國當代的經營管理人，於二〇〇二年四月十九日下午四點，在龍仁的三星人力開發院聚會，當日傍晚「創造館」中會議正式開始。本以爲當天是爲了慶祝三星超越新力而舉辦的聚會，實際上卻完全不是那麼一回事。

會議一開始就立即進行世界第一的產品與三星產品的比較評論會。將世界第一的產品與三星生產的產品進行比較的品評活動，是三星從一九九三年開始就流傳下來的傳統。

當日所展示的世界第一產品有新力數位電視、戴爾（Dell）電腦、Nokia 手機、英特爾（Intel）

的CPU等十四家企業的產品，以及包括中國最大的家電公司——海爾集團（位於山東省青島，會長爲張瑞民）在內等四個急速竄起的企業產品，也在當天的展示行列中。

李健熙董事長與各相關企業經理們一一仔細地評比這些世界第十一的產品，同時進行激烈的討論。

緊接著進行的是三星首腦級的高級主管會議。由三星總司令—李健熙董事長率先發言。李董事長的發言足足有四個小時之久。但是如果要一一點名爲三星努力付出心血的人員，光憑四個小時是不足夠的；然而李董事長就在這四個小時內，不僅細數這些高級主管的功績，就連該有的責罵以及未來的指示，也一併交代完成。

李董事長言論的核心內容爲：

第一、不要以目前的成就而自滿，必須時常保有危機意識才能戰勝激烈的市場挑戰；也就是必須事先就做好因應未來的「準備經營策略」。

第二、必須先預想好五～十年之後，我們能成爲世界第一的事業領域是哪一個部分？以及我們必須保持多少的市場佔有率？

第三、隨著電子產品壽命的逐日縮短，爲因應快速的市場變化，我們必須透過各事業部門間的合作，以確保尖端技術以及優秀的人力資源。

第四、重新調整事業生產的結構，將包含半導體等核心產品、家庭劇院、Mofile、辦公室網路等四大產業，調整爲第一順位的中心產業，儘量取代重複性、有發展限制的商品。

第五、隨著半導體、行動電話等三星產品出口比重的增加，三星必須更努力以達成符合身爲國民企業的重大使命。

開場的演說結束之後，李健熙董事長與三星主管繼續進行馬拉松的會議討論，會議一直進行到凌晨二點才結束。休息四個小時之後，清晨六點起床、洗臉、運動、用早餐，緊接著八點又開始繼續召開會議。

會議一直進行到隔天下午六點總算才告一段落。雖然是前後將近五十個小時的超長時間會議，但會場的氣氛毫無冷場、討論始終熱烈，每個人都十分投入，持續保持著一貫的緊張感。

歷經五十小時所進行的高階主管會議，會議訂定出在二〇一〇年之前讓三星電子躋身至「世界前三強」的中長期發展策略。

這個中長期目標就是讓三星電子與世界第一的美國奇異（GE）公司（市價總額四九〇〇億美元、總銷售額一二〇〇億美元）、日本新力（市價總額四九六億美元、總銷售額六〇〇億美元），並列世界電子業界的最高地位。

為達成這個目的，將原先三星的電機、電子事業部門，重整為家庭劇院、行動電話、辦公室網路環境、半導體等四大策略事業部門。而且將不斷地以位居世界第一位的產品為中心，隨時調整三星電子的事業結構。此為當天會議所作出的重大決議之一。

另一項重要的決議為:確保優秀的人才、掌握五～十年之後未來市場的主要事業項目，以及主導數位聚合（digital convergence）。

所謂數位聚合，指的是，除三星目前著重的記憶體半導體事業之外，同時強化三星在尖端資訊通信方面的技術。也就是透過行動電話提供各種資訊、以無線網路方式與ＰＣ或筆記型電腦資訊連結；以及透過家庭劇院系統收看電視與欣賞電影，以及雙方面直接影像傳輸等方面之技術而言。

三星預期數位家電事業在二〇〇四年左右，將創造出近一七〇兆億韓圜的市場價值。三星將數位電視、ＤＶＤ、數位錄放影機、傳輸通訊用（ＳＴＢ）、娛樂專用個人電腦等五項產品，設定為未來的主打商品。

上述這五項領域商品如何互相結合以達到最大效能，並在競爭市場上取得最大勝利，則是數位聚合的關鍵所在。也就是說未來仍須努力的路途還很遙遠，不應只因目前的成果就沾沾自喜、驕傲自大。而三星對於自身未來的發展也絲毫不敢懈怠，我們可從三星電子對人才的重視，以及提早預期五～十年後產業的發展方向，就可以略知一二。

然而，自從三星超越新力的消息一公佈後，集團員工的興奮心情讓公司內部氣氛顯得有些混亂。身爲集團的最高領導者，爲了重新整頓公司的氣氛、增加員工的危機感，李健熙於是召開這次高階主管會議，好讓正確的指示與方針可以順利下達。

在提升員工危機意識方面，其中一例是李健熙董事長在會議當中，突如其來地對數位媒體總經理陳大濟提出一個問題：「你了解新力的家庭劇院系統嗎？」

李健熙是對事業本質有相當程度了解的企業家。

沒有根據、隨便應付的回答對李健熙而言是行不通的。家庭劇院指的是九：十一電視等視聽音響設備機器，因應一般大眾逐漸減少出入電影院、大型集會場合的習慣，由美國開始風行的家庭式劇場設備。

通常家庭劇院指的是ＤＶＤ、喇叭、投影機、擴大器、接收器、音響裝置等的設備。目前家庭劇院設備在全球各地正蔚爲風潮。

而新力很早就察覺到消費者的心理變化，並領先競爭對手早一步於市場中推出家庭劇院設備產品。

陳大濟總經理沒有預期李董事長會有這個突如其來的問題，而緊張得答不出話。李健熙董事長也再三地叮囑所有人員：必須更及時、更迅速掌握市場的種種趨勢與變化，並儘快找出因應之道。

## 但是三星果眞超越新力了嗎？

二〇〇二年四月初，市價總額才剛超越新力的三星，在不到一個月時間內市價總額又再次落於新力之後。因此，現在就判定三星超越新力的話仍嫌太早。首先，就兩家公司二〇〇一年的結算總額來看，三星的銷售成績連新力的一半都不到。

二〇〇一年三星電子的總銷售額爲三十二兆三〇〇〇億韓圜。由各部門產業分別來看，筆記型電腦、個人電腦等數位媒體事業的銷售額爲九兆四三八四億韓圜，爲其他事業部門銷售額之首；Anycall行動電話等通訊事業部門爲九兆三三五〇億韓圜；半導體事業部門爲八兆八八三六億韓圜；生活家電部門的銷售額則爲三兆一〇六七億韓圜。

以銷售總額來看，二〇〇一年三星的銷售成績在全世界前五〇〇家企業的排名爲第七〇名。

其中三星所生產的D-RAM、S-RAM、CDMA行動電話、TFT-LCD、電腦螢幕、電磁爐等六項產品，更是排名世界第一。

此外，三星LCD驅動晶片、Smart Card晶片、PDA專用晶片、快閃記憶體等半導體部門的銷售成績，與東芝（Toshiba）、摩托羅拉等並列二～三名，共同競爭世界第一的地位。

〈表一〉2001年三星與新力的營業額比較

| 比較項目 | 三星電子 | 新力 |
|---|---|---|
| 市價總值 | 477億美元 | 496億美元 |
| 營業額 | 32兆3808億韓圜 | 75兆7072億韓圜 |
| 營業利益 | 2兆2953億韓圜 | 1兆3444億韓圜 |
| 淨利 | 2兆9469億韓圜 | 1528億韓圜 |

資料來源：韓國中央日報

二〇〇二年韓國在世界市場上排名第一的產品共有八十一個。在尖端科技產業方面，除三星電子的家電、半導體產品之外，LG電子的CD-ROM、CD-RW以及光驅、CDMA WILL、冷氣機（市場佔有率爲十一．六％）、LG Micron的shadow mask（顯示器使用零組件）、LG飛利浦的LCD等產品，位居尖端產業世界第一。

此外，曉星的聚酯輪胎橡膠Tire Code（增強輪胎性能的纖維素材）、韓國電機Electric Glass公司的映像管用玻璃、韓國豐山公司（Poongsan）的銅合金錢幣（未加上花紋、半成品狀態的銅錢）、曉星與KOLON公司的聚酯纖維、Magic Com的電鍋、七七七公司的指甲剪也是排名世界第一的產品。

其他的產品還包括：現代重工業的特殊性

能船舶、浮動式原油生產儲藏設備 (floating production storage and offloading: FPSO)、中型引擎、海水淡水化設備、、卸油系統FPSO、浮動式儲藏設備 (LNG/LPG-FSO)、三星SDI的數位映像管、電漿電視（PDP）、手機顯示器 (mobile display)、可重複使用的充電電池等。

從這個情況看來，目前三星的產品在世界市場當中，扮演著帶領韓國經濟發展的角色。然而就目前排名世界第一的商品中，美國佔有四四三四項、日本有二五九五項、中國有七三一項，韓國與其相較之下，仍算是處於劣勢中。

到了二〇〇五年，這樣的情況當然多少會有所改善，但目前還沒到足以讓韓國的企業，或是三星沾沾自喜、志得意滿的階段。

而且，從技術的層面來看，不難發掘到更多問題。

三星電子半導體生產線上八〇%的進口原料來自美國及日本，尤其wafer晶片（用作積體電路基底的硅等薄片）的核心工程作業設備幾乎百分之百引自日本或美國的產品。

實際上，從電子、通訊企業必須具備的「成功關鍵因素」KFS (key factors for success) 觀點來看以三星電子爲首的韓國電子企業，韓國電子企業不論是在技術層面上、商品化技術、零件籌組能力、生產技術能力、全球化經營能力方面，大部分仍沿襲自日本、美國、歐洲等尖端企業。

韓國國內企業除CDMA、GSM（歐規行動電話）等電子通訊領先技術之外，半導體設計技術、影像壓縮技術、系統連接器技術等全面性的核心製造技術，比起日本以及歐美等先進企業仍有一段落差。

增強領導技術的要訣在於如何增強品牌印象、開發核心產品、取得技術標準，以及新技術與新產品的開發與應用。

Ericsson或Qualcomm擁有移動通訊、行動電話的領導技術，新力、飛利浦、東芝、松下（Matsushita）等擁有製造DVD的領導技術，富士通（Fujitsu）的PDP、JVC的VTR技術，這些企業的領導技術一直領先於韓國業界之上。

韓國技術方面的落後，起因於韓國業界不重視R&D（研究與開發）的結果。吝嗇於開發研究上的投資，於是韓國在領先技術層面上呈現出落後的景象。

因此韓國企業在非記憶體半導體、光纖網路系統、移動通訊系統、網路設備、軟體、數位相關複合融合等高附加價值領域的技術無法提升，只好向國外尖端企業界學習高級技術，因而無法擺脫後段技術國家的形象。

一九九九年的情況，韓國通訊事業雖然有一億二〇〇〇萬美元規模的技術出口，但是進口的規模卻遠比出口高出十二倍以上，進口十四億四〇〇〇萬美金。

不僅如此，在商品化的技術層面上，三星也不如世界級的尖端企業。新力所製造的數位

DV，其產品設計兼具差別化、小巧化、輕量化等多樣性的附加功能。此外也推出筆記型電腦兼具數位相機功能的產品，如新力生產的筆記型電腦——VAIO，日本企業爲了迅速地滿足顧客的需求，在國際市場上率先推出無線網路終端機、PDA、Smart電話、Post個人電腦等商品。

另一個問題點在於：企業主要商品的國外依賴程度過高、零組件共用性低、全球化協調能力不足導致的零組件籌措困難、降低不良品比率的能力、縮短產品製造領導時間、合理化產品交替生產的能力等方面也嫌不足。

此外，在全球化經營能力上也落後先進國家企業。

譬如就品牌印象而言，一提到Nokia就讓人聯想到行動電話、新力聯想到AV、JVC聯想到VCR錄放影機，而韓國企業普遍來說，還未能具備像這些國際企業般的知名程度。三星電子的品牌價值雖然是韓國國內第一的水準，但以世界水準來看，與具有一三九億美元身價的新力相較，還有高達八三億美元的差距存在。

儘管目前的三星在S-RAM、D-RAM等半導體部門，或是電磁爐、TFD-LCD、行動電話等事業上，已經擁有世界級水準的技術能力，然而在品牌知名度上仍有大幅度的進步空間。

而李健熙董事長之所以會對集團職員下達禁止驕傲自滿的五大戒令，以及再三叮囑各相關企業負責人必須更加努力，正是因爲李健熙早已洞察到三星的不足之處。

〈表二〉2002年世界主要企業的品牌價值

| 排名順位 | 企業名稱 | 品牌價值 |
|---|---|---|
| 1 | 可口可樂 | 696億美元 |
| 2 | 微軟 | 640億美元 |
| 3 | IBM | 510億美元 |
| 4 | GE | 410億美元 |
| 5 | 英特爾 | 300億美元 |
| 6 | Nokia | 290.9億美元 |
| 7 | 迪士尼 | 290.2億美元 |
| 8 | 麥當勞 | 263億美元 |
| 9 | 萬寶路 | 240億美元 |
| 10 | 賓士 | 210億美元 |
| 11 | 福特汽車 | 204億美元 |
| 12 | 豐田汽車 | 194億美元 |
| 13 | 花旗銀行 | 180億美元 |
| 14 | HP惠普 | 167億美元 |
| 15 | American Express Company | 162億美元 |
| 16 | CISCO | 162億美元 |
| 17 | AT&T | 160億美元 |
| 18 | HONDA汽車 | 150億美元 |
| 19 | 吉列 (Gillette) | 149億美元 |
| 20 | BMW | 144億美元 |
| 21 | 新力 | 139億美元 |
| 34 | 三星電子 | 83億美元 |

資料來源：美國Interbrand

新力不僅核心技術方面領先三星。新力所生產出的產品，甚至還能領導當代的潮流，在技術開發方面可稱爲世界級的領導企業。新力製造的CD一推出市場，原來既存的LP市場立刻受到影響、獨創性的彩色電視機革命、以及全世界第一台可以邊走邊看的Audio隨身聽等產品，都一一證明新力領先世界的技術能力。

現今的新力除了其品牌價值之外，同時還創造出吸引次世代目光的網路工作環境優勢。數位攝影機所使用的記憶卡等儲存設備（只需二分三〇秒的時間，就能將拍攝下來的畫面，在相紙上完成輸出），以及網路Solution等領域中，新力確實掌握世界的發展潮流。

雖然三星電子也開發了Home network solution，不過三星電子在這個領域中，目前還停留在基礎技術階段，還未具備如新力般強盛的氣勢。就現階段而言，三星不管是遊戲機、電視機、影像裝置、音響設備方面還沒達到足以向新力挑戰的水準。

由上述這些情況看來，也就不難理解爲何李健熙董事長在聽到因爲三星超越新力，公司職員興奮不已的報告時，反應卻十分冷淡的理由了。

儘管如此，市價總額與淨利上的表現能暫時性地超越新力，也證明了三星的確有不容小覷的實力。

不過三星的表現也著實給予韓國國民不少自信心，同時也讓全世界以全新的眼光來看待三星這個企業。

# 2

# 新領袖風範

## 從小日本留學生到企業繼承人

他以三星副董事長上任的第一天，

就被叫到李秉喆董事長的房間。

李健熙一進入董事長辦公室，李秉喆立即拿起毛筆，

在紙上揮毫寫下「傾聽」二字。

傾聽，就是仔細聆聽別人的言論。

李秉喆向李健熙強調身爲企業領導者

應該把「聆聽」視爲金科玉律，並努力加以奉行。

## 孤獨的童年歲月

二〇〇二年一月九日，李健熙董事長的六十大壽宴會於新羅飯店迎賓館中舉辦。除了李董事長夫人洪羅喜女士，以及包括長男李在鎔在內的兒女、女婿家人、家族親戚等都出席參加之外，副董事長級人物也都出席這次壽宴。

當天宴會的司儀是由KBS主播李金熙擔任。就連一向鮮少於私人場合的活動中出現的韓國世界級聲樂家趙秀美女士也都到場獻唱。

李健熙從父親李秉喆手中繼承三星，其實也是經過一番曲折，到現在已然度過了十六年的歲月。在這段期間，李健熙的一舉一動無不受到韓國社會及全體國民的關注。特別受到矚目的理由，不外是社會大眾想看看身爲企業家第二代的李健熙，是否能像他父親一樣，也能夠出色地管理這個龐大的三星集團。

爲了不辜負這樣的社會期待，以及多達十七萬八〇〇〇名在三星集團庇護下賴以維持生計的家庭，李健熙背負著重責大任，努力地走過這段不算短的十六年歲月。

以三星目前的表現來看，我們可以很確定的說，比起李秉喆時代，現在的三星要比以前更加傑出，未來的發展也更加不可限量。

一位傑出的企業家是需要經過長期的培養。

最近李健熙幾乎拒絕在媒體上露面或接受專訪，這更加深了社會大眾對他的好奇。而李健熙到底是怎麼樣的一個人？到目前爲止，他又經歷過什麼樣的過去呢？其實李健熙並非如像一般人所想像的那樣擁有富裕的童年生活。

一九四二年一月九日，李健熙在大邱出生。

李健熙出生的時候，他父親李秉喆在大邱西門市場附近經營三星商會公司。當時的三星商會是以銷售水果蔬菜以及乾魚貨爲主的貿易公司，公司才剛剛起步。

李健熙母親朴女士在李健熙斷奶後，隨即將他交由宜寧（地名，李秉喆出生地）的婆家撫養。當時的李健熙還只是剛出生的小嬰孩，從那時候開始，他把自己的親祖母視作母親，並且另外由奶媽照料著。奶媽家中有一位跟李健熙差不多大的女孩，兩個小孩就像親姊弟一樣共同生活了好幾年，一直到李健熙將近四歲的時候，才由他的親生母親接回大邱撫養。

再次見到母親，李健熙一開始有點不知所措。因爲他一直將祖母視爲親生母親。他甚至還問自己的媽媽：「你是誰？」而且也是到了這個時候，他才得以首次見到他的哥哥姊姊。

李健熙在大邱上幼稚園的時候，總是穿著黑色的膠鞋去上學，好不容易有白膠鞋可以穿，也會因爲捨不得穿，而故意將鞋子拿去藏起來。那時候李健熙的家庭環境，勉強僅足以讓一家大小溫飽，勤儉節約的家庭風氣從小就對他產生影響。

李健熙家中的祖產是從曾祖父時代開始累積下來的。曾祖父每餐吃不到一頓飯，一心只想多編織一些麻布。那是個不吃、不花用才有辦法累積財產的時代。

李健熙曾祖父拼命努力的結果是掙下了四〇〇石（田地單位）的土地；祖父再增加了一〇〇石土地，一共累積了五〇〇石大小的土地。後來李秉喆的哥哥繼承三〇〇石、李秉喆繼承了二〇〇石的土地。

住在大邱的時候，李健熙家中一共有兩坪大小的房間三間、三坪大的房間一間，四間房間裡頭一共就住了將近十五個人。李秉喆夫婦和他們的三男五女，以及一群人共同居住在一起，四個房間擠了十五個人，其擁擠程度可想而知。

有一次，還在唸幼稚園的李健熙參加遠足，也還得因爲當天正好是他的生日，所以媽媽才會特別爲他準備了五張海苔以及一個水煮蛋，好讓他帶著去參加遠足。由於長久以來受到家中節儉習慣的影響，對於無謂的開銷及花費，總是令他覺得難以容忍。

李秉喆當時因工作關係忙碌奔波，李健熙與其哥哥姊姊們也因爲學業上的關係，不得已而分散四處各自生活。全家人第一次得以共同聚集在一處生活，已經是李健熙國中三年級的時候了。當天爲了慶祝所有家庭成員能齊聚一堂，甚至還特別拍了張全家福照片，以紀念這難能可貴的一刻。

而原先在大邱經商的李秉喆，爲了擴展他的事業，於是在一九四七年五月全家北上至漢城。一開始，先在漢城鍾路區惠化洞（地區名）一六三—二五號買下六〇坪大小的房子，翌年，在鍾路二街成立了三星物產貿易公司。李健熙於惠化小學就讀。

李健熙就讀惠化小學二年級的時候，韓國戰爭爆發。

來不及到別處避難的李秉喆一家人，迫不得已只好躲到附近的地下室，過了將近三個月艱困的避難日子。

而李秉喆以資本家的身份，被傳喚至內務省接受審問；而他的一九四八年型美國雪佛蘭 (Chevrolet) 轎車被國家徵收使用。

在充斥著不安與緊張的生活之下，一九五〇年九月二十八日，隨著麥克阿瑟將軍 (Douglas MacArthur) 在仁川的成功登陸，漢城一收復，李秉喆一家人隨即南下至馬山 (地名)。李健熙到了馬山之後，再度回到小學就讀。住在馬山的時候，李健熙經常跑到山上看山、看樹。沒多久李健熙雖然又再次轉學回到大邱，不過由於李秉喆改將其事業遷移至釜山的東光洞，改做收集廢鐵以及進口砂糖、肥料的工作，李健熙在大邱的生活也沒持續多久。李健熙之後在釜山又轉學了兩次，他前後一共就讀了五間小學。

「他經常帶著當時很難得一見的模型飛機、模型火車等玩具，話很少、不太愛講話、也不調皮搗蛋。」

這是李健熙釜山師範附小四、五年級的同班同學對於李健熙當年的印象。

一九五〇年代李秉喆移到釜山的事業小有成就，家境也逐漸開始好轉起來。由於家裡經濟情況改善，李健熙身邊的昂貴玩具也就越來越多，但是跟一般小孩不一樣的是，李健熙的玩具不只是拿來玩而已，還常常被他拆解、重新組裝，拿來當作科學實驗的對象。

不僅是李健熙有這種嗜好，連他上面的哥哥也是如此。不管是普通玩具，或是什麼新奇的玩意兒，最後都免不了被這幾位兄弟支解、拆開、重新組合起來。李健熙幾個兄弟的這個嗜好一直持續到他們長大成人之後，就連照相機、錄放影機，甚至汽車，也都是他們拆解、組裝的實驗對象。其中李健熙的大哥－李孟熙到了六十幾歲，爲了瞭解世界知名品牌的AV家電結構，特意蒐集所有知名品牌的產品，一一加以拆解、重新組裝，並且樂此不疲。

一九八〇年代初期，李健熙在三星集團副董事長的任內，成立了三星精密公司。在三星剛開始進軍照相機產業的時候，他曾經把三星精密公司的總經理叫來，詢問對方家裡頭有幾台照相機。

當時三星精密公司的總經理回答，家裡只有一台照相機。李健熙立即對他有所訓示：「如果你要擔任照相機公司負責人的話，就必須下苦功、徹底研究世界各種廠牌的照相機。對各個廠牌相機的性能及結構必須要有比一般人更深入的瞭解與認識才行。」

童年時期的李健熙不太多話，不是獨自一人專心思考，就是埋首拆解研究他的玩具，個性十分內向。這一點他和他父親——李秉喆十分相似。李秉喆也是經常獨自沈思的企業領導人物。

他很少會發脾氣，或是大聲罵人，平常也不太看得出來他究竟是生氣還是高興。能看到父親大聲斥責或是開心表情的人寥寥可數。

這是李秉喆長男—李孟熙在《不爲人知的故事》一書中，對其父親的描寫片段。李健熙董事長的個性也極爲靦腆，不太喜歡站在眾人面前。他的這種性格看得出來是從小使然。

## 小日本留學生

一九五三年，當時就讀釜山師範附屬小學五年級的李健熙，在父親「到先進國家去看看、去學習」的指示下前往東京，開始了他的小留學生生涯。

當時李健熙的大哥——李孟熙已在東京大學就讀農學院、二哥李昌熙（一九三三～九一）在一九五二年以第一屆日本留學生的身份，就讀於當地的貴族學校，後來進入早稻田大學就讀。

李健熙與其二哥共同住在日本伯父家中，就讀東京初等學校。大哥因爲學校較遠，而另外在學校附近租房子住。

而李秉喆將他三個小孩送到日本去留學的原因是：戰後的韓國，百廢待舉，教育制度也還非常紊亂；而如果將小孩送到較為穩定的日本，就可以學習到更多東西。

於是，當時年僅十二歲的李健熙再度與父母分開。

那時日本的收音機時代才剛結束，正要開始進入電視機的時代，國營的節目有NHK，以及一些民營的電視節目。而由日本松下電機以及飛利浦合資生產的黑白電視機，以分期付款購買的方式，在當時掀起了市場上的一股購買熱潮。洗衣機與電冰箱也在中高收入的家庭中開始普及。

而這正是歷史上所謂的第一個經濟景氣，又稱為「神武時期」。而神武時期的經濟發展基礎，則是來自於韓國戰後變換戰爭物資所得資金——六十二億美金。

李健熙到日本的第一年，為了學習日語而吃盡了苦頭。再加上原先他在韓國歷經了五次轉學，課業基礎也還沒打好。也因此他一到日本不但得從頭開始學習日語，還得加強課業的學習。

當時的日本人將戰後經濟窮困的韓國視為落後國家，對韓國人有民族歧視的傾向。交不到朋友，又沒有爸媽在身旁，而同住在一起的二哥又因為年紀相差九歲之多，無法與他作伴玩耍，李健熙因而感到十分的寂寞。

我打從一出生就與家人分開居住，因此性格變得十分內向；也沒有什麼特別的朋友，因此總是獨自一人思考問題……而且在最敏感的年紀，就已經對民族差異、憤怒、孤單、以及對父母的思念等等情感有著深刻體認了……

這是李健熙在接受專訪時，所提到的部分內容。

國中一年級，李健熙在家裡養了一隻北京狗。

從那時候一直到現在，李健熙就把狗當作是他一輩子的朋友，一起吃冰淇淋、一起睡覺，有時候親自幫他們洗澡甚至梳理毛髮，十分愛護他們。

曾經有一度他在漢南洞的家裡飼養了珍島犬、約客夏、吉娃娃等各類品種、將近二百隻狗。雖然之後他述說爲何如此喜歡狗的理由是：「因爲狗不會說謊，也不會背叛主人，是人類最忠心的朋友。」但是一般人卻經常會聯想起，他在日本那段只有狗陪伴著他的寂寞留學生涯。即使是現在，李健熙仍然是國內知名的愛犬人士。

自從國中一年級起飼養珍島犬開始，李健熙就此展開他的愛犬生涯。

一九六〇年擔任《中央日報》理事的李健熙，曾親自南下到珍島，花了三天兩夜的時間，以每隻五〇〇〇～六〇〇〇韓幣的價格購買了三十隻珍島犬回漢城。當時牧羊犬的行情是一隻十萬～十五萬元左右的價格。

他當時訂下將珍島犬幼犬以十萬元價格賣出的目標。能將興趣當成事業經營是李健熙的獨特之處。而要達成他訂下的目標，首先就是要找到純種的珍島犬。

當時珍島犬在珍島販賣，但大部分都不是純種的。主要的原因是商人把外貌與珍島犬相似的土狗從韓國本土帶到珍島，謊稱爲珍島犬來販售。而且雜種以及純種的幼犬十分相似，很難從外表上區分出兩者的不同。

而李健熙從珍島買回的三十支珍島犬，經過繁殖後增加爲一五〇隻，其中有三〇%是純種的珍島犬。

當時珍島犬在韓國爲第五十三號的天然保護動物，但是世界犬種協會卻無法將珍島犬的原產地登記爲韓國。

李健熙在一九七九年成立「珍島犬愛好協會」，並舉辦珍島犬品種競賽，爲了獎勵培育純種的珍島犬，甚至捐出電冰箱當作是比賽第一等的獎品。於是韓國珍島犬的品質提高了、市場價格也隨之攀升。

一九七九年在日本舉辦的世界犬種綜合展示會中，韓國的珍島犬也在展示行列中。從此、韓國珍島犬獲得了世界的認證。最後，一九八三年在素以難纏聞名的世界犬種協會中，珍島犬終於公開被登記爲世界犬種的行列中。

而因爲社區鄰居抗議李健熙飼養的狗每天所發出的狗吠聲，他於是將飼養的狗送往郊區的「愛寶樂園」（譯按：大型休閒遊樂園，內設動物園）。李健熙為了在愛寶樂園飼養各種愛犬，特地設立了嚮導犬專門訓練學校。嚮導犬訓練學校專業訓練導盲犬、救命犬、醫療犬、聾人專用聽覺輔助犬、警備犬等。

一九八〇年代南韓的軍犬素質遠低於北韓。李健熙得知此消息後立刻從德國進口血統純正的牧羊犬（shepherd），經過繁殖與專業訓練後，捐贈了四三〇多隻專業軍犬給陸、海、空軍的軍犬大隊，以及警察特攻隊、海關等單位。

然而一般大眾並不知道三星在嚮導犬專門學校教育軍用警犬，甚至最近還不畏千辛萬苦進口北韓名犬——「豐山犬」，並加以繁殖飼養。此外，三星電子更是世界最大規模的狗展——英國的「克魯夫特狗展」（Cruft）後援會中的其中一員。

三星每年支援相當於一億六〇〇〇萬元的影像設備給成立於一八九一年的「克魯夫特狗展」。這樣的努力讓李健熙在二〇〇二年五月獲得世界嚮導犬學校協會所頒發的傑出貢獻獎。

早在日本念小學的時候，李健熙就開始學習打高爾夫球了。一九五〇年代初期，在日本首次學到高爾夫的李秉喆從此之後也迷上了高爾夫球。

教導李秉喆高爾夫球的是一位日本職業高爾夫球界的頂尖好手。同樣的，李健熙也在重視基本動作的老師底下學習高爾夫球，他的高爾夫動作幾乎可說是完美無缺。尤其是他的長桿動作極為標準與精確，並且以擅長準確地目測出球與洞之間的距離而聞名。

但是李秉喆會長並不僅僅將高爾夫球當作是休閒娛樂而已。他爲兒子李健熙請來日本一流的高爾夫球選手，在球具以及高爾夫設備上的花費也從不吝嗇。

李秉喆之所以如此重視學習高爾夫球，其理由是因爲他認爲：「只要能明白了高爾夫球的道理，自然就會瞭解世間所有的道理。」

李秉喆每次打完高爾夫球，就會特別記得當天打得最好的一球，以及打得最糟的一球。仔細回想並分析好球是如何打得好、壞球是打得如何糟，記取教訓後再重新站到球場上。

他對高爾夫球具的挑剔也超乎尋常人的標準。比方說木頭必須是加拿大北部最高級的產品，而且木頭的兩端必須是最好的材質。

李健熙董事長對高爾夫有其獨特的見解，相信也是來自於他父親的影響。

## 小小電影狂

特別值得一提的是，在李健熙留學日本期間，他看了將近一千二百～一千三百部的電影。這個數目，幾乎等於日本在十年間所拍出的電影總數。爲何小小年紀的李健熙，總喜歡在下課後跑到電影院看電影呢？

正如前面所提過的，當時的日本人認爲朝鮮人是既骯髒又卑劣的民族。受到日本人歧視的小留學生李健熙，他的自尊心必定因此受到傷害。也許就是從這時候開始，所有與日本人的相關競爭場合，他都希望韓國能勝過日本。

也因為當時李健熙的朋友、父母都不在身邊，他才選擇看電影來消磨他的閒暇時間。在烏漆嘛黑、誰也看不見誰的電影院裡，既沒有歧視的眼光、也沒有差別待遇，還能消磨時間。再加上電影又十分有趣，對於小小年紀的李健熙而言，電影院是他下課後最好的休閑場所。

那時候的日本是電影的全盛時期。當時日本電影的相關統計資料不容易取得，然而在李健熙回國兩年後的一九五八年，電影業界統計情形如下：

一九五八年的日本有七〇六七間電影院、觀看電影的人數估計約有十一億二千七百四十五萬二千人次。

當時平均每個日本人每年觀看十二～十三部電影。那時候每拍一部電影幾乎都可以大賺一筆，可說是日本電影的全盛時期。而電影在當時之所以會興盛的主要原因，一方面是因為日本景氣正逐漸好轉，另一方面則是因為電視機還沒有到達大眾普及的程度。此外還有另一個重要原因，則必須歸功於在日本電影全盛時期所造就出來的幾位國際知名大導演。

當時日本最具代表性的導演包括了在日後享譽國際的黑澤明、木下惠介、吉村公三郎、金井忠，以及溝口健二等等。

尤其是黑澤明所執導的電影「羅生門」，在一九五一年八月舉行的威尼斯國際影展獲得最大獎，創下日本影史上第一部獲得國際電影大獎的紀錄。

第二年溝口健二導演所執導的「西鶴一代女」一片入圍威尼斯國際影展。一九五四年依笠貞之助導演所執導的電影「地獄門」也獲得當年坎城影展的最大獎。

一九五六年小說家石原愼太郎（現任東京道知事）獲得「芥川賞」大獎的電影作品「太陽的季節」，在日本上演造成空前盛況，日本因而興起「太陽族」的風潮。

然而這些大導演的作品都是屬於藝術性質的電影作品。一般電影院較受歡迎的大部分是煽情、催淚或是血腥暴力等題材的電影類型。

而李健熙剛好是在日本電影的全盛時期，開始了他的電影觀賞生活。當時東京市內的電影院一共分爲五級。第一級電影院放映的是第一輪電影、第二級電影院則上演二輪電影，而第五級則屬於最下階層者的電影院。每天營業時間從上午九點到晚間十點，放映八場電影。

小李健熙每週三、週六下午，以及星期天或放假日幾乎都是在電影院中度過的。他每逢星期天或假日的早上九點就會帶著三明治到電影院報到，一直待到晚上十點才回家。

李健熙通常星期三下午看兩部電影，星期六下午兩部，星期天最少四部以上。

不論哪一種電影，從打鬥電影到美國西部片，傳統電影到現代電影，李健熙從不挑剔，一律照單全收，電影院放映什麼他就看什麼。

因此在日本留學三年期間，他看了將近一千二百～一千三百部的電影，可說是個小小的電影狂。

此後李健熙不但成爲電影片或紀錄片的片迷，對於電影欣賞更發展出個人獨特的見解：

我看電影的時候大部分將焦點放在主角身上。想像自己就是電影裡的主角，全然投入電影的情節中，隨著主角的喜怒哀樂歡喜或悲傷，這樣一來對電影情節才容易有深刻的感受。更進一步，不光是體驗主角、配角，甚至是電影裡每一位出場人物的命運也可以變成自己的。另一方面，再從導演、攝影師的角度來看電影，又可以得到完全不同的感動。

但是如果毫無思考，也不願投入電影人物感受，充其量不過只是在觀看會動的圖片而已；相反的，如果能全然投入電影劇情中，以各種角度來觀看電影，可能會讀到一篇動人的小說、或是預見一個不同的世界。當然剛開始以這樣的方式看電影是十分困難與疲累的。但是如果能養成習慣以不同觀點來觀看電影，久而久之也會培養出與眾不同的「思考模式」。日後，自然而然也就會用新的角度來欣賞音樂、藝術作品，或是詮釋自己的工作方式。

**李健熙《思考一下，看看這世界》一書**

李健熙在看電影的時候，連主角的角色背景也在其思考的範圍之內。換句話說，看電影的時候並非只去猜想故事的最後結果，而是試著去思考電影畫面所呈現出的另外一面。也就是看到一個十分繁雜的場面，也要同時聯想爲了製造出這個場景，必須動員多少人的觀點及投注多少人員的心血與努力。而這點與產品分析有著異曲同工的意味。

從外觀看起來雖然是一部製造精美的錄放影機，但在產品分析上，光這樣是不夠的。還必須將其外部拆解、一一檢視錄放影機內部的零件設計與構造，以及生產製造的廠商。

李健熙指出：「工作的時候也應該以全新的角度來思考」，講的是同樣的意思。而這樣觀看電影的觀點，當然不是李健熙從小就具備的。然而李健熙喜愛欣賞電影的素養卻是從這個時期就養成的，這是不容否認的事實。

直到現在，李健熙依然是電影，特別是紀錄片的蒐集狂愛者。一九八〇年代，李健熙臥房的地板，有將近三分之一放滿了各式各樣的電影錄影帶。他所蒐集的電影錄影帶大約超過一萬片以上。曾在韓國上映過的紀錄影片他更是幾乎全數擁有。

到後來他開始對大眾傳播感到興趣，並開始指示製作韓國企業第一支公益廣告片；進而與史蒂芬史匹柏（Steven Spielberg）攜手合作電影事業。李健熙的世界觀以及全新的觀點，這些誰說不是他從小就已經具備的呢？

## 摔角生涯

李健熙國小一畢業，就繼續進入日本國中就學。國小二年、國中一年，在日本一共三年的期間，除了電影之外，李健熙還有另一項興趣——摔角。

當時正值日本摔角的全盛時期。特別是韓國職業摔角業界的力道山（一九二四～一九六三）突然竄紅，更是集聚了高知名度的人氣。

力道山爲韓國慶南道洪元人，本名金信洛。原爲角力選手，一九三八年參加由《朝鮮日報》主辦之角力大賽，金信洛的哥哥—金航洛獲得比賽冠軍、而他則獲得第三名。後聽從日本友人哈洛爾德・阪田勸說，前往日本成爲摔角選手。

力道山雖然在各場比賽有十分優異的表現，但爲了抗議日本人因他韓國出身的身份而給予的不平等對待，毅然決然離開摔角業界，而到工地現場擔任管理器材的人員。

直到一九五一年，世界級的職業摔角選手波比・布藍斯到日本參加比賽，受到布藍司的影響，力道山轉爲參加職業摔角。在美國經過訓練之後，開始在美國當地進行巡迴比賽，憑藉著他過人的體力以及高超的技巧，力道山在美國各地皆有亮眼的成績表現。之後，力道山再度回到日本，並從美國請來摔角選手舉行競賽，在日本掀起職業摔角旋風。

此外，力道山又創設了日本職業摔角協會，並在一九五八年打敗世界職業摔角重量級冠軍—摔角鐵人路易・丹茲，而成爲新的世界職業摔角冠軍。

在這些過程中，力道山累積了鉅額的財富，也成爲日本首屆一指的富翁。一九六三年一二月八日力道山在日本東京一間名爲 New Latin Quarter 的夜總會中，遭到日本人村田勝志的刺殺，最後引發腹膜炎而導致身亡。

日本人將力道山視爲英雄一般地推崇。

當時的職業摔角選手比電視藝人或是電影明星還要受到歡迎。那時候也是日本職業摔角運動的開化時期，而李健熙正是狂熱的力道山迷之一。

當李健熙在日本留學生涯第三年，也就是國中一年級課程結束後，隨即回到韓國的漢城師大附中就學。國中畢業後進入漢城師大附屬高中就讀，並且立刻加入摔角社。李健熙之所以參加摔角社的原因，就如同之前敍述過的，是因爲看了力道山的比賽、深受力道山的影響所致。

高中二年級，李健熙持續他的摔角，還獲選爲參加全國大賽的次重量級選手。這個時候，他想成爲國際奧委會委員的夢想已經開始萌芽，而一直到一九九六年亞特蘭大奧運會，他的夢想才終於實現。

而日後李健熙擔任摔角協會會長，以及摔角能從以往的冷門項目進展到一九八八年漢城奧運中韓國獲得二金、二銀、五銅優異成績的比賽項目，這些與李健熙在高中時期參加摔角活動有著難以分割的密切關係。

然而李健熙的摔角生涯僅僅兩年就被迫中斷了。起因於某次摔角練習中，眉毛附近受到撕裂傷，家人因而禁止他參加摔角運動。

李健熙轉而繼續參加美式足球隊、桌球隊，這和他從高中開始就對運動特別熱衷有著十分密切的關係。

現今李健熙可以連續熬夜兩天、連開十小時的馬拉松會議，以及在高爾夫球場打完一五○○桿的好體力，全是從摔角運動中鍛鍊出來的。

此外、李健熙喜歡的運動還有騎馬、桌球等等。其中他特別喜歡的是騎馬。騎馬是一種對雙腳、腰部很有助益的運動。騎著馬在森林中奔馳，更可以呼吸到大自然的新鮮空氣。

李健熙現在大約每週會前往安陽高爾夫球場旁的馬場二次。因爲騎馬多少可以抒解煩躁的心情。

一九八六年代表韓國參加亞洲盃比賽選手的馬因爲突發狀況而無法出賽，李健熙一聽到這個消息，立刻欣然將其愛馬「高句麗」借給國家代表隊參加比賽，並順利獲得金牌。這在騎術界可說是無人不知無人不曉的。

李健熙之所以會開始騎馬，起因於一九八二年十一月的一場車禍。那天李健熙開著自用車到了良才車站（漢城地名）附近，被從對方車道越過中線的貨車撞個正著。自用車被撞得像紙張一樣扭曲變形，而李健熙從混亂的車禍現場中倉皇逃出，竟然奇蹟般的身上沒有一點傷痕。

從外觀上看起來是完好無缺、一點點傷都沒有，然而這場車禍卻留下很大的後遺症。讓李健熙必須藉著止痛劑才能抑制他體內的疼痛。外界對於他服用止痛藥之後，是否產生精神異常的症狀感到十分好奇。甚至與他較爲親近的祕書室工作人員也不免有類似的猜疑。

唯有眞正經歷過車禍的人，才能瞭解車禍所造成的後遺症會有多麼嚴重。尤其是重大車禍所造成的後遺症，更會持續數年之久。外表看起來雖然是毫髮無傷，但有時候會突然呼吸困難、心情突然低落，或是冷不防感到恐懼與不安。因此，近年來醫生都會勸導車禍傷患，最好同時接受精神治療。

也正是爲了調養車禍之後的精神狀況、李健熙開始學習騎馬。

騎馬與桌球都是他喜歡的運動。

他一邊創立「第一合纖公司」的桌球隊，一邊開始學習桌球，現在已具有一定的水準。而桌球主要也是和家人一塊進行的運動。

而李健熙也將運動精神引用在企業經營上。一九九三年他倡導新經營的觀念,並強調說：「我們必須從沒有裁判的高爾夫球比賽學習自律的精神，從棒球學習團隊精神，而從橄欖球比賽學習高昂的鬥志。」

最近李健熙也以五種競賽的要點，比喻經營者應該具備的五個重點：第一為技術方面的知識；第二為經營的直覺；第三是對於電腦的關心；第四是第一外語；第五是第二外語。李健熙乍看之下是個喜歡思考、並埋首研究的人，然而實際上卻對運動十分狂熱，這樣的資質是他從小就養成的。

除了摔角之外，高中時期的李健熙還有其他不為人知的面貌嗎？

健熙經常陷入深沈的思考。與其說是思考倒不如說是在冥想還更為恰當。他那個時候就像現在一樣沒什麼表情、而且也不太多話。朋友找他說話的時候，他往往也只是「嗯」、「沒有」等極為簡短的回答。他的動作也很緩慢，很難有什麼事情嚇得了他的。朋友們曾這樣取笑健熙：「如果今天突然打了一個閃電，等到所有人都嚇得跑回家去了之後，他才會開始感到驚嚇吧！」

健熙有時候一開口說話就會說得頭頭是道，而有時候又會說出大家不容易瞭解、只有他自己才明白的獨特見解及想法。有時候也不提任何前後關連的說明，直接進入他想闡述的主體，劈哩啪啦的自顧自的滔滔不絕往下說，我得想半天才有辦法聽懂他在說什麼。

「美國借給我們的借款金額越高，基於利害關係的考量，我們也就有更穩固的安全保障。」或是「蓋工廠、製造更多就業機會比起滔滔不絕的雄辯，更能顯現出愛國心。」健熙經常會說出這些當時高中生還想像不到的話題。

從音樂、美術到企業經營、國家甚至對於人類的關心等話題，你都能很自然地和健熙聊開來。

有一天健熙突然將他的幾本小學課本丟給我，並對我說道：「你學日文吧！以你的程度沒幾個月就能學會了。」對當時正值熱血澎湃充滿抗日情感的高中生說出這樣的話。「我學日文做什麼？」我沒好意的反問他。然而健熙用很不以爲然的表情回答說「我們必須瞭解日本是如何變化的，這樣我們才能找出我們國家要走的方向。」

這是李健熙後來當選國會議員的高中同窗在接受《朝鮮月刊》專訪時，回顧他對同班同學李健熙的印象。

還有另一個李健熙高中時期的小插曲。這當然也是他在漢城師大附中另一位同班同學的回顧。

李健熙從高中時代開始交情就很好的一位朋友，回憶起某次兩人吃著冰淇淋一同前往位於獎忠洞（漢城地名）一〇〇號李健熙的家，而當時李健熙不說那是自己家，而說那是他姑姑的家。

因為擔心好友看到自己家那類似古代大院的豪華房子而感到自卑，因此才故意加以隱瞞。

高中畢業之後，李健熙並未進入韓國的大學，而是前往日本的早稻田大學就讀。

## 留學日本早稻田大學

主張李健熙應該到日本早稻田大學就讀的正是他父親——李秉喆。而李秉喆本身也是早稻田大學商學院畢業的校友。

李秉喆對他最小的兒子—李健熙一直有特別的期許。一九六一年李秉喆勸李健熙應該再到先進國家去學習並增長見聞。當時的李健熙已經考取韓國排名前五名的延世大學，不但繳了註冊費，還購買了教材課本。儘管如此，李秉喆還是勸李健熙應該去日本留學；不僅如此，李秉喆還特別叮嚀說：「我覺得你的個性似乎不適合從商。你去念大眾傳播如何？」。

「好啊。」李健熙這樣回答父親。

當時李秉喆打算日後將一兩個與傳播相關的事業交由李健熙掌管，因此才勸導李健熙去念傳播。然而，實際上當李健熙結束日本留學，再歷經一年半的時間取得美國喬治華盛頓大學學位歸國後，李秉喆就成立了東洋放送電台（TBC）。

早稻田大學是日本知名政客—大重信（一八三八～一八九三）於一八八二年所設立的。

大重信曾任日本外務長官以及內閣總理，在明治維新期間（一八六八～一九一二）與伊藤博文互相抗衡。就如同韓國的延世大學及高麗大學是韓國數一數二的知名私立大學一般，早稻田大學與慶應大學名列日本兩大名門私立學校。

一般而言，慶應大學以醫科及商科見長；而早稻田大學則是以文學院及政治學院聞名。

早稻田大學歷屆輩出左右日本政界、財政界的人士，以及領導日本邁進現代化的重要人物。曾任日本總理的森喜朗、小淵惠三等人就是早稻田大學的畢業校友。而從早稻田大學畢業的每一位校友都以身為早稻田人為榮，畢業之後學長、學弟間依然繼續維持良好的情誼；而即使是高齡七十好幾的校友也能高唱出早稻田的校歌。

李健熙就讀位於新九州早稻田大學西校園的商學部。一九〇四年成立的早稻田大學商學部是日本成立最久的短期大學。光商學部的畢業生，截至目前為止就已經有十萬多名。而早稻田大學商學部的畢業生，多半扮演引領著日本經濟發展的中樞角色，而新力的出井伸之會長就是早稻田大學政治經濟學部的畢業校友。

李秉喆也是該校商學部的畢業生。

身為引領韓國近代化企業家之子的李健熙，跟隨著父親的腳步來到早稻田大學留學，李健熙的留學生活一刻也不敢有所懈怠。

直到如今，李健熙的日語能力在三星集團內部依然是數一數二的。此外，在向來重視歷史傳統的早稻田大學校風影響下，也造就了李健熙淵博的日本歷史知識素養。

原本就喜歡閱讀的李健熙，加上對日本歷史濃厚的興趣，他反覆觀看紀錄日本歷史的四十五捲錄影帶多達數十次，並從中獲得許多寶貴的教訓。而李健熙話少、傾聽別人說話的態度固然是沿襲其家風，在日本所受的教育也對他產生相當程度的影響。因爲大部分的日本人都會先讓對方發表言論，等對方說完之後，才開始謹愼地發表自己的意見。在李健熙身上，我們也看得見類似日本人這樣的性格。

值得一提的是，李健熙在留學日本早稻田期間，對運動和對電影的濃厚興趣。

大學期間的李健熙參加了高爾夫球社。

從小學五年級就開始接觸高爾夫球的李健熙，對高爾夫球自然不陌生。進入早稻田大學後再度加入高爾夫球社，主要是爲了想重新學習高爾夫球的相關規則和禮儀。

而李健熙也不止一次反覆思索，父親在他國小五年級時就曾對他說過要他學習高爾夫球的理由：「你可以從高爾夫球中學習到做人的道理。」

最後，李健熙得到的結論是：「打高爾夫球就是和自己的比賽。」高爾夫不是能夠隨心所欲、按照心意就能完成的運動。高爾夫球是否能順利進洞，則是要看自己能嚴格操控身體到何種程度。

企業經營也是如此。創造利益固然是企業經營的最終目標，但爲了創造利益，公司必須和人才、技術、製造工廠、生產產品等變數不斷地競爭與戰鬥。

高爾夫球雖然是規則繁複的運動，但其實也是一種自己和自己的競爭、自己和風向、地形等種種變數的比賽。而且高爾夫球比賽沒有裁判，就連分數也是由自己統計。

而身爲企業統帥也是沒有裁判的。並且必須堅持不受金錢利益的誘惑，堅守以人才與技術能力爲基礎的商業正道去創造利益，這才是眞正的勝利。

> 打高爾夫球的時候，不管別人有沒有看見，都不可以爲了贏得好成績，就去觸碰球、更改高爾夫球的位置。

這是李健熙從高爾夫球得到的教訓。

也就是不管旁人有沒有看見，都必須謹守高爾夫球的規則與秩序，一桿一桿地累積自己的成績；而以創造利益爲目標的企業經營，也應該在相同的理念下，遵守遊戲規則，進行商業行爲。

李健熙董事長十分推崇高爾夫球運動，相形於高爾夫球的擊球技術、他更重視這項運動的規則，也就是打高爾夫球的紳士風度。

高爾夫球格言中有這麼一句：「高爾夫球是如同勇士一般的競爭、如同紳士一般舉止的遊戲。」高爾夫是不妨礙他人、以擊球為第一優先的運動。

三星集團經營的安陽高爾夫球場，為了阻擋球品差的球友進入球場，乾脆實施高爾夫球規則的測試：首先俱樂部會先將高爾夫球規則、問題集以及教學錄影帶寄送給會員，會員必須回答所有問題，再將答案送回俱樂部，才有資格進入球場。安陽高爾夫球場重視高爾夫球規則的程度由此可見。

也因此安陽高爾夫球場被視為一等一的高級高爾夫球場。球友也以身為安陽高爾夫俱樂部的會員而感到榮耀。

李健熙為何如此重視高爾夫球的規則呢？因為他認為在高爾夫球場會欺瞞成績的人在商場上也會欺騙對手。

巴比‧瓊司（Bobby Jones）（一九〇二～一九七一）是李健熙尊敬的高爾夫球選手之一。瓊司是全世界高爾夫球球友所推崇的「球聖」。在美國喬治亞州亞特蘭大出生的瓊司，從小體質虛弱，自五歲就開始學習高爾夫球。

一九二三年，他以弱冠之年在美國公開賽取得第一場優勝，之後八年期間，他在英國與美國的公開賽以及業餘選手賽程中，一共拿下十三場優勝，並成為高爾夫球界的傳奇人物。

一九二五年在美國公開賽，瓊司在擊球之前，因為球稍微自動移動而改變位置，他將成績由原先的四桿自動增加為五桿。

儘管當時沒有任何人看到這個情形，然而瓊司仍然將自己的成績多加上一桿的紀錄。也因此他與鉅額的獎金以及榮譽擦身而過。然而他當天離開球場時卻獲得所有觀眾的熱烈喝采。自此以後他獲得了高爾夫球界「球聖」的美譽。

李健熙也是瓊司的追隨者之一。瓊司的高爾夫球教本他起碼讀過五遍以上。在所有運動中李健熙對高爾夫有極高的評價。他更以科學的觀念剖析高爾夫球。

如果要打出長打的話，擊桿的速度必須要快。以木桿擊球，揮桿速度超過每秒四〇公尺就能擊出二五〇～二七〇碼的距離；而如果是每秒三五～三六的速度，則可以擊出一八〇～二〇〇碼的距離。

而以五號鐵桿要擊出一七〇碼或是一五〇碼，則要從球場泥土的種類、草生長的方向、風速、濕度等，一一仔細計算所有的環境條件。

李健熙還具備了在計算球滾動路徑之後，就能在練習場中將球打到他想要打到的目標。此外他對高爾夫球球具也有相當程度的研究，例如說球具平衡感與球桿重量之間的關係爲何等細節部分也在他的研究範圍內。

李健熙曾有一次與鮮京集團（現ＳＫ集團）的前董事長打高爾夫球，將日本著名鐘錶公司——精工（Seiko）公司開發出的推桿，當作禮物送給他。李健熙不僅具備相當水準的高爾夫球實力，他更重視高爾夫球的禮節。

「不管是經營公司，還是打高爾夫球，最重要的就是遵守以所有規矩爲基礎的基本原則。」李健熙與集團子公司的經理、董事，或祕書室員工偶爾在安陽高爾夫球場打球時，都會這麼再三勉勵員工。

也因此三星集團內部推行高爾夫球教育課程。爲獎勵公司全體員工打高爾夫球，按照每人職位的不同，課長級以上的人員，可優先進入安陽高爾夫球場學習高爾夫。

李健熙董事長的handicap 12、最佳成績爲七十一桿。不過他二〇〇〇年至日本出差時腳踝受傷後，再也不打高爾夫球。

美國奇異公司（GE）董事長傑克・威爾契（Jack Welch）也是高爾夫的愛好者之一。自小威爾契在父親帶領下進入高爾夫球場一邊擔任球童、一邊學習高爾夫球。威爾契董事長認爲高爾夫球不僅是重視風度與規則的運動，更推崇高爾夫球是可以讓人更透徹去瞭解人與人之間是如何競爭的一種運動。

就如同可藉由觀察一個人賭博時的態度瞭解到對方性格一樣，威爾契董事長透過高爾夫球領略競爭的原理。這方面，李健熙與威爾契的高爾夫球觀有些不同。

李健熙董事長除了高爾夫球之外，也熱中於橄欖球、桌球、網球等其他體育活動。

李健熙對體育的熱情，影響到後來三星集團對體育事業的重視與發展：成立三星職業棒球隊、培養出知名的職業高爾夫好手朴世莉、支援摔角、田徑比賽、羽球等多項體育項目。

李健熙也經常與風靡當代職業摔角界的好手——力道山，在高爾夫球場會面，互相討論並研究種種技法與要領。甚至直接與一流的高爾夫球好手，一起打了一年的高爾夫球，以實際觀察高手的打球姿勢及技巧。

李健熙對各種領域的傑出人士皆懷有高度興趣與關心，這是因爲他認爲在任何一個領域中，都有值得研究學習的價值。

所謂「一流」指的是對自己或對工作都要求有最佳的表現，就企業家而言，該處罰的時候必須不顧人情地給予懲處，該給予獎賞時就要立即給予獎賞。

那麼，李健熙對於日本商品稱霸世界又是持什麼樣的看法呢？在此，我們先來談談所謂的「二十分鐘精神」。

如果上班時間規定是在上午八點的話，日本人會在七點五十分到達辦公室，先將電話、傳眞機擦拭乾淨或是整理相關的文件資料；而美國人會在八點五分出現在辦公室；而韓國人則是會在準八點前後到達辦公室。

以下班的時間來看：日本人會晚大約十分鐘下班，而這十分鐘時間，他會擦拭辦公室的機械以及稍做整理之後才會離開；而美國人是下班時間一到，就放下手邊處理的事情，立即下班。

這就是韓國與日本，以及美國之間的差異。

而上下班前後的這「二十分鐘精神」，不但能減少不良品質的產生，並且能提高生產性。李健熙將三星的二十分鐘計算如下：

三星集團一共有十八萬名的從業人員。以此基準來計算，全公司所有人員上下班的這二十分鐘，一年等於增加雇用七〇〇〇名員工的效果。如果以金額來計算的話，一九八九年可爲公司省下一〇〇〇億韓圜。李健熙藉由日本留學的經驗，以及其商業頭腦，以這樣的角度來看韓國與日本兩國之間的差異。

而李健熙在大學的成績又是如何呢？喜歡高爾夫球、研究如何成爲一流的人，以及和高爾夫球好手將近一年期間的相處，李健熙的唸書時間幾乎所剩無幾。

他自己本人曾說過他對唸書沒什麼興趣。而他的大學成績總是在及格的邊緣，至於這樣的成績如何能讓他順利取得學位？李健熙他的訣竅方法是預先做猜題的工作。準備每科考試的時候，他會事先蒐集近兩年的所有考古題，並且預先做答題的練習。李健熙的猜題每次幾乎都有八成以上的命中率。

連課業上也是照著他自己的想法有效率地完成。

## 留學美國時期

早稻田大學畢業後，李健熙前往美國喬治華盛頓大學攻讀ＭＢＡ，輔修大眾傳播課程。

喬治華盛頓大學是美國前總統柯林頓（Bill Clinton）的母校，是美國東部知名學府之一。

在美國留學期間，李健熙醉心於汽車的研究。

李健熙最早接觸車子是在他七歲的時候。當時他父親李秉喆的座車是一九四八年出產的美國雪佛蘭。那台車後來在韓國戰爭爆發時被共產黨徵收。

他在美國一共換了七次車。但這並非財團公子的豪奢習氣，而是因爲他對汽車的構造很有興趣。

李健熙所購買的第一部車是埃及大使的座車。不到五十英里的里程數幾乎和新車沒有兩樣，因爲伊朗戰爭的爆發，埃及大使急於歸國，在不得已的情況下才出售。李健熙以四二〇〇美金買下這部車。

大約經過三、四個月時間後，李健熙已經完全掌握這台車的構造及特性，經由他重新整理後，他將這台車再次售出，足足賺了六〇〇美元。此後他購入車齡還不到一年的美國車，再清楚瞭解其構造後，重新打蠟整理後再將車子售出。李健熙以這種方式在一年半期間內，一共換了六部車，並賺進六〇〇～七〇〇美元。也因此而成爲車子結構方面的專家。

每一輛車子大約有超過兩萬個各式零件，是結合現代科學技術的科技產品。能將車子解體再重新加以組裝，如果對於車子的機械構造沒有一定程度的認識與瞭解的話，是絕對不可能辦到的。

三星也曾經一度發展汽車事業，不過三星的汽車產業之後被人批評係爲滿足李健熙個人蒐集汽車的喜好才發展的。然而以李健熙董事長對於汽車的熱情以及其專家級的知識水準，外人很難不去將這些與三星投入汽車產業做任何的聯想。

李健熙擁有全世界僅生產六台的 Bugatti Royal 車型四一一五〇的 Berline de Voyage。這台車一九二九年在法國生產，是世界名車中的名車。車子性能不僅是當時的世界第一，其洗鍊的設計更是全世界最頂級的。

當時艾多利・保吉蒂（Ettore Bugatti）在「從引擎到螺絲，都必須是最完美的設計成果」的信念下誕生。

原先預計生產二十五台的 Royal 系列，一九二九年全球性的恐慌使得 Royal 在銷售上遇到困難，最後只生產了六台。

其中三台分別爲西班牙、羅馬、比利時國王所有，另三台的其中之一—四一一五〇即爲李健熙董事長所有。

一九九四年五月，在這台車的原主人——美國達美樂披薩董事長——的指示下，李健熙以一〇〇〇萬美金（當時八十億韓圜）的價格買下。這部車在美國經過各種檢查以及整修之後運送至韓國，目前保管在李健熙私人農場的特殊倉庫中。

特殊倉庫中除了必備的溫度調節系統外，還兼備了防音、防震、防濕等完善的功能；此外，堅固的保全措施更是由三星的專業保全公司「龍域會社」（Ace One）直接負責管理。

在經過一番波折後，三星汽車——Renault 終於誕生。然而，三星汽車產業的創設，卻不能只歸因於李健熙個人對汽車的熱衷。因爲動輒數千億、數兆元的汽車產業所必須付出的鉅額成本代價，不可能單單只因企業家個人的喜好，就能夠投入如此龐大的成本。

透過瞭解分析汽車產業的過程中，李健熙分析福特汽車（Ford）及GM汽車（General Motors）在汽車生產的結構中，有將近三成的零件是電子與電機部門的產品。此外，未來的汽車將有超過百分之五十以上的結構，與電機以及電子產品息息相關。

而三星集團正是以電機與電子產業技術著稱的企業。三星電子與三星電機等相關子集團公司正是三星的主力公司。

在這考量下，三星的野心似乎是想運用其最有實力的電子與電機技術，生產出超越於福特與GM的汽車，在綜合二十世紀科技的汽車產業中展示其實力。

這正是李健熙投入汽車事業的理由之一。然而三星汽車事業草創之際，受到了全球及韓國國內汽車市場的產能過剩，以及韓國政府構造調整等種種因素的影響，最後還是成了泡影。

然而在眾多企業家中，能像李健熙那樣對汽車構造如此詳細研究的實在不多。而李健熙他如同工程師一般的資質，對於日後三星產業的主要技術發展，發揮了相當大的影響力。

舉例來說，對於半導體該採取 Stack（堆疊式）還是 Trench（溝槽式）製程的問題對策，就是李健熙所提出的；三星行動電話的大小、按鍵的位置等也是由他直接提供意見，製造出「李健熙式的行動電話」。

此外，原先電視公司所傳送出的畫面，由一般電視機接收的時候，電視螢幕左右兩側各被削減將近八mm的寬度。當他一發現這個事實後，就立刻下達指示改善此項缺點。也因此催生出以「找出隱藏的一吋空間」廣告詞而大受消費者歡迎的「名品 Plus One」電視機。

二〇〇二年七月十五日，在三星集團本館地下一樓的大會議廳，舉辦了三星電子與新力、東芝、飛利浦等各家國際競爭業者所製造生產的三八五個尖端電子產品展示評比會，雖然電子產品的種類十分多樣化，但是李健熙仍能依照不同產品的類別，分別指出遙控器的按鈕過多、或是機能過於複雜等問題，並同時下達加以改善的指示。

雖然李健熙主修管理學，但實際上他卻是個機械狂。在他的他的書架上，電子、宇宙、航空、汽車、引擎工學、未來工學等類書籍比管理學書籍還要來得多。

一九六八～一九八七年間，李健熙雖然在父親的指示下主修經營管理學，但是他並未對數字產生多大的興趣，大部分的課後時間都是花在分析機械，或是研究摔角上。

不管是電子產品或是各種機械，他一定都先將其分解，然後重新組合，研究瞭解各個結構的功用及性能。他也大量閱讀與機械相關的書籍，如果遇到自己無法融會貫通的時候，乾脆就請技術人員來家裡親自為他講解及說明。到過李健熙家中為他說明的日本技術人員，人數就高達數百名之多。在這樣努力的鑽研之下，使得李健熙對於即使是極爲細微的電子產品零件，都擁有過人且深入的瞭解。

新力公司兩位創辦人之一的井伸大（一九〇八～一九九七），也有著和李健熙類似的資質。

井伸大自從國小二年級第一次收到組合式的玩具禮物之後，從此就對將物品組合起來這件事情產生濃厚的興趣。在這個契機之下，他在念國中的時候喜歡自己組裝一些零件，也因此成爲業餘的無線電一族。就讀早稻田大學時，他還自己組裝了一台留聲機。

年紀輕輕的井伸大只要手邊有電線、電池等零件，就能隨意組裝出一件物品。而他對於機械超乎常人的熱愛及興趣，也使得他日後成爲促使世界級家電公司——新力公司誕生的重要人物。

鐵工廠對本田汽車（Honda Motor Co.）的創設人——本田宗一郎（一九〇六～一九九一）——有著重大的影響。他從小跟隨著當鐵匠的父親每天進出鐵工廠，對小小的本田宗一郎而言，鐵工廠就是他的遊樂園，看著父親每天處理鐵塊的過程，他也有樣學樣地將不要的鐵塊鑄成自己的玩具。

家境艱困的本田宗一郎，在念小學的時候就靠修理腳踏車來打零工。對當時的本田宗一郎而言，腳踏車就是他的玩具。

國小畢業後，本田宗一郎進入汽車裝備工廠擔任跑腿的工作。這次他透過汽車零件來習得實際的技術。不同於在學校習得的教科書理論，在工廠的現場工作，可都是經由親身體驗所學來的技術。而本田宗一郎就以這個時期所學到的技術爲基礎，在六年之後開了一家小工廠，開始製造汽車零件。

在這個小工廠中，他從活塞環零件開始，到後來將軍用發電機改造成腳踏車用補助動力機。而這正是目前普及全世界的摩托車前身。摩托車即是在腳踏車上加上動力引擎的機械構造。原本對腳踏車結構與機組就十分熟稔的本田宗一郎，再加上他對汽車引擎深厚的技術功力，他將本田腳踏車發展成爲舉世聞名的本田汽車。

當他開始開展汽車事業的時候，在他周圍的人還停留在區分腳踏車與汽車有何不同的階段。「汽車有什麼特別嗎？只要將兩輛摩托車用鐵管連結起來，上頭再加個蓋子不就成了汽車嗎？」

本田宗一郎曾經如此回答，一點也不覺得製造汽車有什麼了不起的。

他最常用的說法是「學校頭」。

「學校頭」指的是在學校學習到的理論技術。但是本田宗一郎認爲沒有經過實際的經驗與操作所得到的技術，都不能算是眞正的技術。

本田正式開始生產汽車是在一九六二年。比起日本其他汽車公司足足晚了數十年之久。

然而本田汽車之所以能成爲日本的前三大汽車公司，最主要的原因是因爲本田擁有獨自研發的技術能力。本田汽車在其他汽車公司還在摸索如何與外國汽車公司合資合作的時候，就已經開始獨力生產自己的汽車。

本田汽車的第一部作品是S三六〇兩人座的運動型跑車。這部作品係以其製造本田摩托車的雄厚實力所生產的汽車。

S三六〇擁有三五六cc、三十三匹馬力的引擎。當時其他同級車種的最高時速不過一〇〇公里、而S三六〇的最高時速卻能超過一二〇公里，成爲當時的一個熱門話題。然而日本政府爲了強化日本汽車產業的競爭力，竟然限制新的汽車製造廠商的汽車生產，甚至於通過限制汽車生產的特別法。

不過本田的實力是有目共睹的，以本田的實力當然能製造出品質優良的汽車、爲政府提高汽車產業的競爭力。因此日本政府限制汽車的生產在當時引發強力的反彈，最後日本政府的這項法令還是形同虛設，沒能確實執行。

一九六三年本田前先推出S五〇〇與T三六〇兩款新車。這兩款車同樣是以其摩托車的獨立生產技術所製造出來的汽車。

之後，本田汽車代表作——四汽缸的「Honda CIVIC」——於一九七二年誕生。一體成型的獨特外型、加上天窗以及省油的設計在當時引起消費市場熱烈的迴響。也成爲本田汽車獨具特色的代表作品之一。

Honda 進軍美國市場也是史無前例的造成轟動。

一九七〇年代美國汽車市場實施嚴格的汽車排氣標準檢定。

大部分的外國進口汽車爲了通過這個檢定基準而在汽車上安裝觸媒淨化器，而本田汽車卻沒有這樣做。本田引用來自於內燃機引擎的靈感，而開發出其獨特的ＣＶＣＣ引擎，很輕易地就通過檢驗基準。

之後本田又陸續開發出本田雅歌（Honda Accord）等款新車，在美國銷售市場一九七九～一九八一年連續成爲熱門銷售車；此外運動型跑車ＮＳＸ（一九九五年）以及客貨兩用車 Odyssey 也在美國引起銷售風潮。

本田的一生不斷地向突破與創新挑戰。結果他創立了具有獨創性的本田汽車公司。而「技術的 Honda」一語也是從他開始流傳的。

李健熙會長也曾毫不諱言地表示：他以技術爲中心的精神就是學習本田的精神。

本田在六十七歲的時候曾經說過：「大家都知道我沒什麼知識。沒什麼知識的我能有今天這樣的成就已經足夠了，還奢求什麼呢？」之後本田就宣布退休。這是本田以一種婉轉的說法表示自己才國小畢業，而且出身艱困。

後來本田將本田汽車交給非親非故、年僅四十五的年輕ＣＥＯ繼承管理。新力的井深大以及本田汽車的本田宗一郎，是現今日本無數的企業中，少數眞正具有製造物品實力的領導人物。

另一位值得一提的人物就現今全球最高級家電的製造廠GE家電公司的創始人、也就是爲了孵蛋而將蛋抱在懷裡的愛迪生（Thomas Edison）（一八四七～一九三一）。

愛迪生也是經常自己一個人做一些學校沒教導過的實驗，後來發明電燈、讓人類的文明有了進一步的發展。而GE公司就是他在一八七八年所設立的。

今日美國之所以會強盛，主要的原因在於美國擁有許多像愛迪生一樣，不斷地創造出先進技術的人才。

他們都像愛迪生一樣，不斷地向不可知的一切挑戰，創造出人類歷史上從未有過的先進科技。而這也正是美國強大的力量來源。美國是追求想像力的社會。另一方面，日本則是充分應用先進技術的生產大國。

日本從美國學習製造汽車的技術，充分加以應用後，製造出各方面凌駕於美國汽車的日本汽車。豐田汽車與本田汽車就是最典型的範例。

## 李健熙的第一份工作—東洋電視公司

李健熙是在一九六六年結束課業、回到韓國的，那年他二十五歲。

在美國留學期間，李健熙到墨西哥觀光，後來卻因簽證過期的關係而遭美國拒絕入境。就在猶豫不決應該繼續唸書還是乾脆返回韓國的時候，他決定先去一趟日本。

他一到日本就得知家人爲他安排相親的消息。那年十一月，當時《中央日報》洪璡基董事長（一九一七～一九八六）的女兒洪羅喜以及其母親抵達日本羽田機場。李健熙開車到機場接機，並親自送兩人至日本下榻的飯店。當時洪羅喜是韓國漢城大學應用美術系的在學生。兩人約好一同欣賞「齊瓦哥醫生」電影的首映會，之後就開始密切交往，並於翌年舉行婚禮。

結婚之後的李健熙進入三星祕書室擔任見習社員。那時他的工作是每天早上翻閱報紙，在與三星相關的新聞報導底下標示紅線，這是爲了方便讓父親李秉喆一眼就看到與三星有關的報導。其他時間則主要跟隨著父親，熟悉現場的實務運作。

李健熙在公司上班的時候只將李秉喆當作是公司的董事長，而從未把李秉喆當作是自己的父親。

李秉喆董事長在與客人打高爾夫球的時候，李健熙就跟其他的球僮，或是獨自一人在背後跟隨著。

一九六八年十二月，李健熙才終於正式進入他的第一個職場——《中央日報》，也就是進入東洋電視公司工作。這與他在研究所所輔修的大眾傳播有些關連。

當時李健熙擔任東洋電視公司《中央日報》的理事。而東洋電視公司的董事長就是他的岳父大人—洪璡基。

洪璡基，「慶城濟大」法律系畢業，擔任過法官、檢察官，並任法務、內務長官等法界要職。在四·一九革命之後就卸下工作，開始他隱退的生活。直到在李秉喆的勸導下，才於一九六五年出任東洋電視公司董事長，並創《中央日報》與論報紙。他是一位在經濟與經營方面都具備了淵博學識的人物。

在洪璡基董事長底下，李健熙每天早上八點上班，一直工作到晚上十點。當時的東洋電視，也就是第七頻道電視，才剛剛成立滿二週年。他認爲草創階段的東洋TV電視公司（TBC）最好能儘早上軌道。

而一個電視台的收視率取決於一台的連續劇。連續劇必須取得收視冠軍，該電視台才得以生存下去。他認爲連續劇的配角比主角對一齣連續劇的好壞更具有關鍵性的影響力。因爲他覺得如果要凸顯連續劇的主角，就一定需要優秀的配角來陪襯。

李健熙此時開始展現他在日本看過一二〇〇部電影的功力。他還曾經表示過不想當三星的董事長，只想當電影公司的董事長或是電影導演的願望。由此可見他對電影的熱愛程度。

在TBC電視公司工作的李健熙積極培育優秀的配角人員。如雲濟、李純財、姜富子、謝美子等人就是由李健熙一手所栽培。他指示下屬調查擔任配角的演員每個月的收入情形。

他以高於競爭電台的待遇來吸引優秀的演員留在TBC，給予演員最優渥的待遇。

在李健熙這樣的策略下，TBC的演員個個努力發揮優異的演技。一九七〇年代，TBC的收視率更明顯超越MBC、KBS等兩大電視公司。

特別是在一九八〇年代，TBC更寫下收視率高達八〇%的紀錄。收視率領先亦代表著廣告收入的豐厚，TBC的財務狀況因此更加穩定。

此外，李健熙更主導月刊《女性中央》、以及週刊《週刊中央》等兩本雜誌的創刊發行。一九六〇年代後半到一九七〇年代初期，閱讀週刊雜誌是一種流行風潮，當時可說是雜誌風行的時代。

雖然幾乎每家報社在那時都發行各種類型的週刊，不過《週刊中央》是其中最受讀者歡迎的。而《女性中央》在女性雜誌類別中也同樣受到讀者喜愛。

在TBC與《中央日報》擔任將近十年理事的李健熙，從一九七〇年代中期開始邁進另一項新的事業領域——半導體事業。一九七四年他以TBC理事的身份，向李秉喆董事長提出三星晉升半導體產業的建議。然而，李秉喆董事長判斷當時半導體事業仍未到達成熟的階段。

李秉喆的理由是：單是一條半導體生產線的設立，就必須投下一兆五千億韓圜的巨額資金（以二〇〇〇年爲基準）。除了高成本高風險之外，高達五〇〇多次的製程、以及生產線上一平方公尺內不容許有絲毫灰塵存在的超清淨製造技術等嚴苛的技術與環境要求，讓李秉喆判定半導體事業與三星既有的事業與概念是完全不同的。

儘管投資半導體事業的建議被父親所推翻，李健熙還是私自以其私產接收了位於富川（地名）一家叫韓國半導體的小型公司。在之後不到十年的時間，三星率先於一九八三年成功開發半導體。後來三星的半導體事業更發展成爲影響韓國經濟的決定性事業。

## 李秉喆的苦惱

一九七一年一月某一天，三星集團李秉喆董事長的辦公室裡，楷書造詣深厚的他正撰寫著他的遺囑：

> 長男孟熙無意從事經營，次子昌熙不願統管財團下屬的眾多人馬及龐大複雜的組織，三子健熙很謙虛，他本人表示「恐難勝任，但就試試看吧」。因此，我選定健熙爲繼承人，將來就以健熙爲中心領導三星，希望中央日報社長洪璡基協助其承接工作。

這是李秉喆明示三星集團下任繼承者的遺囑。下任繼承者暨非長男，也不是次子，而是三子李健熙。事事謹慎的李秉喆董事長，在法律顧問的見證下將遺囑保管於金庫中。

李秉喆爲防自己突然過世，而早在十六年前就預先準備好如所前所述的遺囑。並且在同一年二月十八日在三星的經理級懇談會中，發表他名下股票及不動產等全部一五○億財產的分配方式：一五○億財產當中五○億捐贈給三星文化財團；五○億分配給直系子女（三男五女）以及有功員工；剩下五○億中的四○億用在三星社員以及社會上，十億則捐贈到三星社員的互助會。

然而交給下任繼承者的內容則未對外公開，遺囑內容隱密地保管在金庫中。而李秉喆親口說出金庫當中的遺囑內容，則是五年之後的事情了。

一九七六年九月，李秉喆被診斷出罹患胃癌。

那時人在東京的李秉喆接受慶應大學醫院的診斷。當時的主治醫生表示李秉喆似乎是罹患胃潰瘍，雖然症狀很輕微、但是最好及早開刀動手術、趕緊處理比較妥當。然而，由於急需李秉喆回國處理的事情太多，於是李秉喆抱病返回漢城。

他請擔任高麗醫院（現在的江北三星醫院）院長的女婿，及第一醫院院長的姪子，就慶應大學醫院對他病情的診斷情況做進一步的瞭解。

最後確認是罹患胃癌。並決定到東京的癌症研究所附屬醫院接受手術。在出國的前一天，他將所有家人聚集到他位於龍仁的私人別墅。

當天，朴女士、長男李孟熙夫婦，以及女兒們全都到場。籠罩在胃癌手術的壓力下，氣氛始終十分凝重。李秉喆也意識到萬一手術失敗，這將可能是他和家人最後一次的聚會。因此他當天向家人宣布他的遺囑。

「三星以後就交由健熙領導。」

當李秉喆董事長宣布這個重大決定時，李健熙並不在場。爲了讓父親的手術順利進行，李健熙已提早抵達日本做相關的事前準備。

李秉喆似乎是爲了宣布他的決定，才刻意讓李健熙前往東京。但是不論如何，這是李秉喆第一次公開表明他屬意的下一任三星繼承人。

長男李孟熙、次男李昌熙似乎都受到相當大的衝擊。尤其是李孟熙一直認爲三星的大權，總有一天會交到他手上。但是他似乎隱隱約約可以感覺到，三星下一任的繼承人可能不會是他。

原因在於三年前（一九七三年）的夏天，父親與他的這番對話：

李孟熙問父親李秉喆：「爸，您現在有幾個頭銜？」李秉喆回答道：「我不知道正確有幾個，我想大概十幾個頭銜吧！」之後又立刻反問李孟熙道：「那你認爲你都能做好這幾個頭銜嗎？」父親的臉色似乎有些不悦，察覺到苗頭不對的李孟熙趕緊回答道：「我可能沒辦法都做好這些工作」。「那你做好你自己的事情就好了」於是話題就此結束。

這是李孟熙回想當時的對話情形。

李秉喆為了選出最理想的企業繼承人，不斷仔細觀察著三個兒子的經營領導能力。而他選定繼承人的考量因素有三：

三星是擁有超過十萬名從業人員的大型企業，合計代理廠商以及承包商則規模就更加龐大了。如果三星集團倒下的話，勢必會嚴重影響韓國的經濟。因此選擇繼承人的首要考量是必須要能保全三星的延續、領導以及三星未來永續發展的能力。

第二點是必須具備品德以及管理能力，企業員工的向心力以及指揮企業的能力也是評估重點。

第三點則是根據本人的意願、資質來決定繼承人選。

我曾經將集團的一部份交由孟熙管理，然而不到六個月的時間，企業以及集團就陷入混亂的情況。後來他自動請辭。

次男昌熙曾表示過不願統管集團上下眾多的人員，以及管理複雜的大型組織，寧可管理只屬於自己的公司。

> 三男健熙畢業於早稻田，從美國喬治華盛頓學成歸國，在瞭解到三星集團無人繼承之後，就開始投入於三星集團的經營實務。
>
> 看得出三男健熙的興趣與意向是在企業經營，但我更看重的是他認眞投入以及鑽研求知的精神。讓他在《中央日報》工作雖然是我的想法、但也要他本人願意才能眞正有所成就。
>
> 爲了讓三星能有全新的發展，我認爲將企業傳承給三男——健熙應該是正確的決定。

李秉喆的這番話再再說明選定李健熙爲三星集團繼承人的決定。而這項決定是在李秉喆過世前一年就定下的。將三星這樣的大企業交給三男繼承而非長男算是十分特別，然而三星的狀況也並非首例。

以日本或是美國的大企業而言，經常可發現將經營大權交給不是長男的次男、或是三男來繼承。以及將繼承權交給女婿、或是從社員中挑選具有經營能力者選爲繼承人的例子也比比皆是。

其中最具代表性的就是美國奇異公司及日本的新力。

奇異公司是美國發明大王愛迪生於一八七八年創立的公司。現在的伊梅特 (Jeffrey Immelt）董事長、以及前董事長威爾契等人就與愛迪生無任何親屬關係。純粹只是根據是否具備企業的經營管理能力予以拔擢。

新力一九四六年由井深大及盛田昭夫共同創立，現任出井伸之會長與這兩位創辦人沒有任何姻親關係。他也是經由上任會長大賀典雄肯定其經營能力後，被委以經營管理新力的重責大任。

日本大阪有一家建築公司名爲「金剛組」。該公司創立於西元五七八年，是超過一四〇〇年歷史悠久的公司。就筆者所知，這家公司是全世界成立最久的一家公司。

現在這家公司的社長是創辦人的第三十九代傳人——金剛利隆。一九九九年筆者曾探詢社長是否有意願將公司交給兒子——金剛正和繼承。當時金剛正和已經從美國留學回來，二十五年間學習公司的設計、土木、管理、經營等方面，並擔任公司副社長一職。

那時候社長金剛利隆表示兒子的能力還在觀察考驗中，是否將公司交由兒子繼承也還在考慮當中。

由金剛利隆社長堅決的回答中，我們可以看出，即使像金剛組這樣一年營業額不過一〇〇億元的小公司，在選擇繼承人選方面，縱使是自己的親生兒子，也必須具備經營管理的能力才有資格繼承公司。

以金剛組實際的例子來看，歷經三十九代、一四〇〇年期間，也遇到好幾次因子女能力不足而收養養子，並將企業交給養子經營的情況。

現任的金剛利隆社長就是一例。金剛利隆原先是金剛組的職員，之後是因爲經營能力被公司肯定而成爲社長家族的女婿，進而繼承公司的經營權。也許是因爲這個原因，兒子金剛正和在父親面前的工作表現就倍加感到壓力。

美國及日本的大企業幾乎都是以能力與否作爲擔任企業繼承人的第一考量。是否與現任管理者具有血緣關係則不那麼重要。

理由是人的生命有限、而企業是永續的，因此才以能力好壞做爲選擇企業繼承人的第一優先考量。

李秉喆董事長也面臨相同的情況。曾在日本唸過書，對日本企業經營方式有相當程度瞭解的李秉喆，對於三星企業繼承人的問題，的確苦思了好一段時間。而他在選擇繼承人這個問題上，並不是考量應該將繼承權交給長男、還是三男。誰眞正具有領導三星的能力才是他考量的重點。

## 成爲三星副董事長

一九七六年，李秉喆在東京癌症研究中心所進行的胃癌手術十分成功。

三男李健熙從一九七八年、也就是李秉喆會長過世前九年，開始接受經營管理的實務訓練。當然李健熙在《中央日報》擔任理事的那段時間，就已經開始參與公司的管理，不過李健熙眞正地投入經營管理的實務工作，卻是在一九七八年以後的事。

李健熙成爲三星企業繼承人一事的正式對外公開發表，是在一九七七年八月李秉喆接受《日經商業週刊》專訪時宣布的。

李秉喆在專訪中，第一次公開表示要將把公司交由「三男繼承」。也因此三男—李健熙成爲三星下任繼承人一事就此成爲既定的事實。

一九七九年二月二七日，李健熙由《中央日報》的理事升任爲三星集團副董事長，他搬進三星本館二十八樓李秉喆董事長辦公室的隔壁。正式開始他的經營管理實務課程。

他以三星副董事長上任的第一天，就被叫到李秉喆董事長的房間。李健熙一進入董事長辦公室，李秉喆立即拿起毛筆、在紙上揮毫寫下「傾聽」二字。

傾聽，就是仔細聆聽別人的言論。李秉喆向李健熙強調身爲企業領導者應該把「聆聽」視爲金科玉律，並努力加以奉行。

實際上能仔細聆聽別人說話的企業家少之又少。而李秉喆本身，就是會傾聽別人言談、充分聆聽後加以分析判斷的企業家。受到其父親的影響，李健熙善於傾聽別人說話在業界十分出名。

李健熙曾經與某小說家共同議論時事，在將近一個小時半的時間他幾乎都是一言不發、仔細地聆聽對方發表的言論。某文化評論家也曾以「我說十句話，他才說一句話」來讚嘆李健熙傾聽的功力。

時時刻刻銘記父親所教導的「傾聽」，李健熙在與集團主管級的會議中、或是聽取報告的時候，大部分將時間花在傾聽別人說話上。到現在，「努力成為一個好的傾聽者」仍是李健熙的其中一項座右銘。

然而只要李健熙一開口說話，最起碼就會說上三個小時至四個小時，最久有將近十個小時的紀錄。在他開始談論之前，都會確實做好所有驗證與準備的工作：派遣祕書或結構調整本部人員進行相關調查工作；在聽取檢討報告後，親自與各界專家學者見面再度進行討論；並在正式下達命令之前，他會在內心裡對自己詢問至少六個以上的「為什麼」（Why?）。

這六個「為什麼」分別是：為什麼是這件事？為什麼是這個地方？為什麼是這個時機點？為什麼是由這個人去做？為什麼要花這些經費？這樣做是為了什麼目的？

李健熙的驗證與準備就是這樣周全。他曾說過：「即使是石頭搭建成的橋，也要敲敲看是否堅固，才去過這座橋。」他的謹慎更甚於父親。

李健熙這樣仔細與踏實的工作精神，可說都是在李秉喆董事長底下接受經營管理訓練所學來的。李秉喆董事長在吩咐李健熙巡視各個相關企業時，也常常指示李健熙必須親身參與實際的工作，這幫他累積了不少現場的實務經驗。此外，李秉喆在聽取集團子公司負責人的業務報告時，也經常要求李健熙在旁陪同參與。

父親總是要我與他共同前往事業經營的第一線，很多事情也交代我必須親身去嘗試做看看。但是他卻不直接對我說明清楚。他讓我在工作現場實際學習、親自去感受。經過一段時間之後，我學習到的不是工作的理論，而是實際的感覺，以及親身體驗到的切身教訓……

李健熙從一九七八年開始，到一九八七年李秉喆過世爲止，有將近十年的時間，就在這樣的哲學基礎下學習企業的經營管理精神。

李秉喆董事長無言的教導還不僅如此。他雖然是韓國當代的企業家，但是他對於每日起居生活的自律卻十分地嚴謹。他每天固定六點起床、晚上十點就寢。清晨起床後他做的第一件事情就是洗澡，藉以提振一整天的精神。敏感過人的李秉喆，如果碰到當天洗澡水水溫異於平常，儘管只有一度之差，他也都能察覺出來。他會一邊洗澡一邊構想事業進行的方向；當他洗完澡，也已經預想好當天必須完成的重要事項。

李秉喆在打國際電話之前，都會事先整理談話的重點，然後在通電話的時候，會一邊看著要點一邊說明以節省通話時間。當因公司事務而打高爾夫球的費用是由公費支付；然而如果是以他個人的名義招待朋友，他就一定會以自費支付打球的費用。李秉喆對於公、私的區分是非常嚴謹的。

自律甚嚴的李秉喆，對公司主管的要求也是同樣嚴格。就連李秉喆的親家—洪璡基會長，到國外出差期間預支的費用細目，都必須事先向李秉喆董事長報告。

李秉喆董事長主要都是在中餐時間與關係企業的社長進行討論；而每當他一放下他愛用的威迪文（Waterman）鋼筆停止討論時，正是中午十二點二十五分，也就是中午用餐時間的前五分鐘。

李秉喆在李健熙副董與洪璡基董事長的陪同下，與關係企業社長們共進午餐，同時聽取業務報告。而所謂的業務報告即是以李秉喆事先準備的重點爲主，向關係企業負責人提出問題並逐項加以確認。而被董事長點名的關係企業社長經常都是一邊冒冷汗一邊回答。原因是李董事長事前準備的重點摘要是各部門中最切中要害、最難以回答的部分。

如果有問題的部分沒有立刻加以更正，就有社長曾因此而被降職爲副社長；一旦因重大過錯被趕出公司也將永不續用。關係企業社長在經過兩個小時的業務報告之後，因爲從緊張壓力下釋放而感到虛脫，甚至出現回到辦公室後都無法繼續辦公的情形。

經常陪同父親聽取各相關企業社長業務報告的李健熙，因而對於三星的主要關係企業——如電子、紡織、合成纖維、製糖、保險等業務有更爲具體的認識與瞭解。

## 木雞的教訓

李秉喆董事長傳授李健熙的眾多教訓，其中一項就是「木雞的教訓」。「木雞」字面上的意思是用木頭做成的雞。李秉喆寢室牆壁上就懸掛著一隻木雞，用來時時提醒自己。

李健熙也學習父親時時以木雞的教訓警惕自己。

木雞一語語出〈莊子・達生篇〉的故事。

以馴養鬥雞聞名的鬥雞訓練員紀渻子為周宣王訓養鬥雞。

過了十日，周宣王問：「雞行了吧？」

紀渻子答：「不行。雞雄赳赳氣昂昂，到處挑戰。」

又過十日，第二次問。答：「不行。雖然不挑戰了，但是仍然應戰。」

再過十日，第三次問。答：「不行。雖然不應戰了，但是眼射凶光，胸懷鬥志。」

又過了十日，第四次問。紀渻子答：「差不多了。聽到其他雞叫，不見任何反應。看起來好像一隻木雞，看到其他雞一點反應也沒有。別的雞沒有敢應戰的，見到它就掉頭逃跑了。」

這就是木雞的教訓。莊子在寓言中所表達的，世人是對於世界上任何變化應該保持超然的態度。李秉喆經營三星五十年期間，曾經經歷過無數次的困難與危機。

一九六一年五月十六日朴正熙少將發起的軍事政變中，李秉喆被視爲韓國十大不當斂財者中的第一位。當時的軍事革命政府，直接點名在韓國營業額排名第一到第十一名的十一家企業爲不當斂財者，其中排名第一的就是李秉喆。

而這些企業實際上並不是不當斂財，這只是革命政府爲了籠絡民心，所提出之社會資源重新分配下的一種手段。

當時李秉喆董事長正滯留在日本東京。氣勢強悍的革命政府派人前往日本，逼迫李秉喆回國。

苦惱不已的李秉喆最後在日本帝國飯店緊急召開記者會：「我的所有財產將會捐獻給國家」發表完言論後隨即返回韓國。

經歷了二十多年的波折，眼睜睜看著自己辛苦經營的第一紡織及第一製糖等企業最後拱手奉獻給國家，李秉喆內心的複雜程度不是一般人所能想像的。

返國後的李秉喆被軟禁在忠武路上的 METRO 飯店中，接受革命政府的調查。並在幾日之後與朴正熙單獨會面。

然而調查最後並沒有發現李秉喆有任何不法之處，反倒是李秉喆接受朴正熙提出全力協助國家經濟發展的要求。也許當時李秉喆有很多想法，但是在整個大環境動盪不安、政局尚未穩定的情況下，企業家也無力施展。於是在事事不與政府牴觸之下，三星企業得以延續至今。

李秉喆遇到的第二次危機是一九六六年的「韓肥事件」。韓肥，即是由李秉喆所設立的韓國肥料，當時的年生產量爲三十三萬噸，是全世界最大的肥料生產工廠。

當時三星爲設立韓肥，而向日本三井集團借款高達四二〇〇萬美金作爲機械設備經費。在借款的過程中，三井集團回饋三星一〇〇萬美金作爲感謝。

然而因當時的外匯管理法中規定，一〇〇萬美金現金無法直接帶進韓國，於是對方改以相當金額的糖精（saccharin）製造原料OTSA等物品做爲回饋。這正是「韓肥事件」中的核心—OTSA，也就是「糖精沒收事件」的主角。

三星集團被當時的輿論強烈抨擊爲賺取暴利，最後擔任韓國肥料的常務理事的李秉喆次男——李昌熙被捕入獄，韓國肥料也被收歸國有。

此一事件到目前爲止雖然還未能回歸眞相；但就目前所能掌握到的資料可以了解到，被沒收的糖精後來在市場上銷售的部分所得，成爲當時集權政府的政治資金，其他所得部分則被充當韓肥建設的內部資金。

兒子被捕入獄、集注心血一手創立的企業整個被收歸國有，李秉喆的心情十分痛苦。然而即使在這麼困難的情況下，他還是沒有提出反駁。

三星已經被當作是犯下國罪的集團，當時氣氛之嚴重，不管我說什麼，都會被當成是爲了除去罪名的辯解罷了。

李秉喆之後提到這段經歷，而描述出他當時的心情。一九八〇年全斗煥的新軍團掌握政權。迫於當時的情勢，他不得不將ＴＢＣ交給國家。身爲企業領導人，李秉喆又再一次面臨波折。

在經歷了一連串人生的辛酸與委屈，爲了自保、爲了企業的延續，李秉喆時時提醒自己要保有像木雞一般的決心。他只要一想起木雞的教訓，就會勉勵自己不受任何波折的影響，努力讓自己達到超然的境界。一個大企業的經營總是難免遇到謀害或鄙視的情況，如果不忍耐的話，到最後一事無成，與一般的市井小民沒什麼兩樣。

然而身爲企業家可能影響的層面可不比一般的市井小民。

因爲如果企業家被訴訟纏身，不僅是個人面臨危險，連整個企業也將陷入困境。企業裡動輒有數千、數萬名職員；如果企業面臨危機所影響到的不僅是個人而已，還包括整個企業數千、數萬名的工作人員，嚴重的話甚至會引發社會問題。

不管別人如何攻擊，就如同木雞一般保持超然的態度去面對危機與攻擊，這正是李秉喆的處世態度。他的處世態度，可說是他在韓國經營企業數十年來，經過無數的磨難與困難後歷練而出的。

不管對方如何咆哮與攻擊，他依然保持著超然的心境，這是由木雞教訓中得來的啓示。傳承四〇〇年的韓國慶州崔姓富人，其中一條家訓就是「保持自我的超然」。

崔姓富人在慶州擁有大片土地，是慶尚北道首屈一指的大豪紳世家。崔家的家訓有「六然」。其中第一條就是「自處超然」，也就是自我保有超然的處世態度。然而，要達到自處超然、保有木雞般超然的心境，是需要相當程度的人格修養才能辦到的。

平時自律甚嚴的李秉喆董事長，在經營企業五十年期間，歷經多次危機與折難；而在種種危機與折難中，他時時用來勸慰自己、幫助自己毅然地克服難關的象徵就是「木雞」。

李秉喆教導給李健熙的訓示就是「傾聽」與「木雞」。

## 石油戰爭的初次失敗

成爲三星集團副董事長的李健熙，同時兼任「海外事業促進委員會」委員長。李健熙負責重化學以及能源事業部門。這是李健熙進入財政業界首項實際參與投入的事業。

初期的「海外事業促進委員會」掌管海外建設、機械設備出口、船舶出口以及海外合資等事業。

當時海外事業促進委員會的目標是將三星推向國際化。目標是除現有狹小的國內市場之外，拓展幅員更大、更寬廣的國際市場。再加上海外事業促進委員會的成員，大多是與開拓國際市場相關的關係企業事業人員所組成，這包括了：三星物產、三星重工業、三星造船、三星綜合建設等六個關係企業社長，以及三星集團祕書室主任、企畫室主任也是委員會的成員之一。

初期海外事業促進委員會正籌備於英國倫敦設置前進點，以積極促進三星的海外事業，並將停滯已久的三星重化學工業推向國際舞台。但是當時的世界經濟市場卻遇到另一波危機——第二次石油危機。

一九七九年十二月，石油輸出國組織（OPEC）宣布調漲十四．五%的油價。接著於十二月底，伊朗因國內政治及經濟的混亂，先是大幅減少石油產量，後來又終止石油輸出。造成原先一桶二〇美元的原油價格暴漲爲一桶四〇美元。

政府及各企業因此遭受巨大的衝擊。原油價格的上升造成所有工業產品價格的上揚。尤其是產品的價格也跟著急速向上攀升。原油，也就是國際能源價格如果無法穩定，就無法確保輸出產品在國際市場上的競爭力。就國家而言，穩定原油價格是當務之急的課題。

爲了讓讀者可以更具體地瞭解當時的情況，我們先說明一下石油危機的背景。

一九七三年十月十六日，OPEC宣布調漲十七％的原油價格，接著在同年的十一月四日，OPEC採取減產原油二十五％生產量的衝擊性措施。

這是第一次的石油危機。

原來一桶二・五二美金的原油價格，經過第一次石油危機，三個月之後漲到一桶九・六七美元，暴漲了四倍；到了一九七六年年底，原油已漲到一桶超過十三美元的價格。當時漢城的商店街變得一片漆黑，原因是礙於當時的能源政策，商街有一半以上的霓虹燈都被強制熄燈。

從一九七〇年代開始，韓國政府開始大規模興建公寓，這也是爲了響應能源節約政策。因爲公寓比獨棟住宅更能夠節約能源。

第一次石油危機帶給韓國相當大的衝擊。然而在經歷了第一次石油危機之後，又再次發生第二次石油危機。

第二次石油危機使得開發中國家的物價上漲將近三十二％之多，經商收支赤字也因原油價格的負擔而從原先的一年四四四億美元，大幅增加到五〇五億美元。

受第二次石油危機的影響，一九八〇年韓國的經濟成長率呈現負成長的狀態，負成長幅度爲五・七％。在面臨第二次石油危機的衝擊下，李健熙副董事長以穩定油價爲優先解決的課題。

因此，海外事業促進委員會突然將穩定油價改爲首要發展目標。當時石油危機不僅只有影響國家而已，對各企業而言，確保石油能源的來源更是最緊要的事情。一旦石油供給成了問題，工廠馬上就無法運作，石油價格居高不下，直接就影響產品在競爭市場上的優勢地位。

李健熙當時立即投入原油市場的戰爭。比起任何領域的市場競爭，原油市場的利害關係更爲複雜，其競爭也更爲激烈。原油市場競爭激烈的理由是，因爲許多國家幾乎都將三分之一以上的總預算，投入能源的這個部門，原油市場涉及各國天文數字般龐大的金額預算，也難怪競爭會格外的激烈。爲了在複雜且激烈的原油市場上贏得勝利，李健熙需要那些可以高效率執行提案、替他打贏原油戰爭的部屬。因此他延攬多位優秀的人才。

然而李健熙延攬外部人士擔任三星集團要職，這與三星追求以集團公開對外招募爲主的人事政策原則背道而馳。李健熙背馳了三星的「純血統主義」，而以所謂的「雜種強勢論」來延攬集團公開招募制度之外的人員，也就是說在父親的許可下，延攬外部人士來擔任要職。

李健熙之所以會這麼做，主要是迫於當時的緊急情勢。

一九七九年秋天，在墨西哥召開「韓國・墨西哥經濟互助委員會」會議。墨西哥是原油生產大國。李健熙以委員會委員的身份飛往墨西哥，拜訪墨西哥總統波狄優（Alfonso Portillo）。

李健熙向總統直接就提出希望墨西哥提供協助韓國原油供給的要求。之後邀請墨西哥國營石油公司 Pemex 總裁前往韓國，並請求支援；同時也陸續拜訪數位在石油供給上可能有所幫助的人士。

在李健熙的努力奔走下，墨西哥在一年內將原油供給韓國。成功引進墨西哥原油供給的李健熙，緊接著又飛往韓國附近的馬來西亞進行原油協商。在他毅力不饒的努力之下，馬來西亞的原油也在三個月之後成功引進韓國市場。

換句話說，這些都是李健熙爲了穩定石油供應所做的事前準備。

原油市場，到目前爲止仍是情報戰最激烈的地方。各項關於原油情報的通信、文件等資料都必須保持高度的警戒狀態。

當時爲了保持機密，將韓文的原音改成羅馬數字，以及用暗號的方式於原油市場上親自指揮。然而在穩定原油供給方面，李健熙還有另一個想法：爲確保原油的供給，李健熙打算新設煉油公司。那時韓國已有 Gulf Oil 原油供給公司。Gulf Oil 正是提供國營事業原油的供給公司。

正巧在那時李健熙得知 Gulf Oil 要撤手煉油公司的消息。於是李健熙積極投入接受煉油公司，向墨西哥以及馬來西亞請求原油供給也都是爲了接受煉油公司所做的準備。然而一九八〇年十二月新出爐的煉油公司新主人卻是另一家公司——鮮京集團。

接手國內最大能源公司失敗的李健熙，爲了穩定原油供給，之後又再度向外尋找開發國外資源。除了與馬來西亞石油公司 Petronas 以及三星物產等四家公司成爲共同體，並協議共同開發原油；此外，又於阿拉斯加著手僅行炭田的開發事業。

然而第二次石油危機的影響卻沒有持續太久。一九八〇年之後，石油價格日趨穩定。而李健熙一心一意積極投入的原油事業，也隨著原油價格的下降而逐漸黯淡。

這是李健熙所遇到的第一次失敗。

至今，李健熙於石油戰爭的失敗還一直被當作是三星失敗例子中的寶貴經驗。藉由失敗經驗的記錄與教訓，在下次類似的狀況中就能避免犯下相同的錯誤。

## 流浪的時節

一九八〇年代初期、中期，李健熙開始流浪的生活。

接受煉油公司的失敗、原油價格的下降導致能源事業發生問題、三子繼承三星集團所受到的種種牽制，這些接踵而來的問題都讓李健熙苦惱不已。雖然無法正確地得知李健熙這段苦惱的時間持續多長，但是大概就是從一九八一到一九八六年將近五年的時間內，李健熙前往美國。

一九八〇年初期，他在美國的某家飯店中，與兩位副會長會面徹夜長談時，本來不太多話的李健熙表示：「不知道自己還能忍耐多久？」吐露出他隱藏許久的心情。

那段期間對他影響最大的人物是德川家康（一五四二～一六一六）。不僅僅德川家康，李健熙對日本歷史也有相當程度的認識與瞭解。尤其是對於日本中世紀的封建制度，李健熙更有其獨特的見解。

爲什麼李健熙特別推崇德川家康呢？理由無他，正因爲德川家康是「忍耐力的達人」。德川家康曾經說過這樣的話：「人生就像是背負著重物行走的旅途，千萬不要太過急躁。」而德川家康就是不急不徐的穩重人物。

德川家康早年吃盡了苦頭。身爲三河（現在的日本愛知縣）岡崎城主—松平廣忠的兒子。三河之戰中松平戰敗，五歲的德川家康以人質身份被送往今川家的途中，又被織田家軍隊攔截帶往織田家，自小就歷經如此曲折離奇的過程。

後來今川家、織田家交換戰俘，德川家康又再以今川家人質的身份被帶往今川家駿府。德川家康在駿府省度過長久的人質生活。雖然他是個不顯眼、也不太多言的小孩，但實際上他緊緊注意著周遭的一切狀況。經過持續十三年的人質生活，德川家康對於位處要塞的金川城位置及結構已經是瞭若指掌。

就在德川家康十九歲的那年，機會來臨了。被當作人質抓走的金川家的城主—金川義元在桶狹間之役中，被織田信長所殺。

德川家康瞭解當時天下的局勢是偏向織田信長的，於是他選擇與織田信長結盟，這也是爲他自己準備的保護網。藉由他當作人質拘禁在駿府省期間，對駿府省構造的掌握與瞭解，他在不久之後就取下金川家。

他與織田信長維持二十年的同盟關係。並且自始至終都保持信賴對方的態度。這也成爲他最大的資產。值得信賴的人也成爲世人對德川家康的第一印象。在本能寺之變中，織田信長死於明智光秀手下，之後天下由豐臣秀吉接管。德川家康在對豐臣秀吉行過君臣之禮，之後便盡力做好作爲屬下的職責。一直到豐臣秀吉過世，德川家康又等了十五年。

德川家康忍耐力之強由此可見。織田信長在位的二〇年、豐臣秀吉的十五年，他一共等待了三十五年的時間。

豐臣秀吉死後，天下形成前田、石田水忠，以及德川家康等三霸天下的局面。然而前田沒多久後就過世，之後就是由石田水忠及德川家康一決勝負的關鍵時刻。

經過三十五年漫長等待的德川家康，終於在一六〇〇年九月有名的關原之役中大勝石田水忠。而當時德川家康的軍力有八萬，石田水忠則有九萬。當時石田水忠軍力位居高地、佔有地利上的優勢。

德川家康收容石田水忠軍中的一位將領。

那位將軍使用離間計讓石田水忠軍力內部大亂，之後在關原之役中幫助德川家康完成統一天下的大業。也因此開始了德川幕府時代。之後德川幕府時代一共持續了二六〇年之久。

織田信長和麵團、豐臣秀吉做糕點，而最後能享用糕點的人卻是德川家康。

德川家康一生不急不徐，一直很有耐心等待天下最後到他的手掌之中。忍受著一般人所無法忍受的挫折，並且等待機會的來臨。有一則有關杜鵑鳥啼叫的故事：

「鳥啊，趕快叫吧！你不叫的話，我就殺了你。」

織田信長用武力強迫杜鵑啼；

「鳥啊，趕快叫吧！我會讓你趕快叫的。」

豐臣秀吉想盡辦法逗杜鵑啼；

「鳥啊，趕快叫吧！我會一直等到你叫的。」

而德川家康則是等待杜鵑啼叫。

李健熙的忍耐力正是學習自德川家康的精神。

## 活教科書——李秉喆董事長過世

一九八七年十一月十九日、李秉喆董事長過世，享年七十八歲。

從一九三八年在大邱販賣水果與魚乾起家的三星商會開始，一直到一九八七年過世爲止，經歷五十年的經營奮鬥，帶領著三星商會變成現今旗下擁有三十七個企業的三星集團。

三星集團在李秉喆董事長的帶領下，從創業開始時的資本額三萬元，歷經四十九年，一九八七年已然成爲首屈一指的集團：資本額達六三一〇億元、出口十一億二五〇〇萬美元、總銷售金額十七兆四〇〇〇億元、經商利益二六六八億元、從業人員十六萬五九六六名。之後才將三星集團的棒子移交給李健熙。

李健熙是李秉喆學院的頭號弟子。

李秉喆從韓國無數傑出的企業人員中精挑細選。在「人才第一」的企業觀之下，二〇～三〇年間善用他所挑選出來的人才。

李秉喆和李健熙有許多共同點，也有許多相異之處。首先先來看看他們的共同點。只要是李秉喆會長認爲值得研究的提案，他就會一直研究到最後，對事情的專注已到了偏執的程度。

在三星進入半導體事業之前，他投注心力於半導體的研究上。他的研究不但很有組織而且相當嚴謹。

遇到需要深入研究的提案時，他首先會仔細閱讀盡最大努力所蒐集來的所有相關書籍資料。接著，他會招待專精於該領域、或是有獨到見解的記者、專家，與他們會面並做討論與意見交換。而李秉喆並不是就將所有相關領域的學者教授一次請來，而是以一次一位專家的方式單獨地會面交談，以便可以更詳細、更充分地掌握研究的主題。

之後他與該領域之企業家會面，直接聽取實際狀況，等有了初步的事業構想後，便指示祕書室人員進行具體的內容檢討分析。從企畫的立案開始到實際實施爲止的每一個過程，他都直接下達指示並一一查驗，反覆不斷確認每一個步驟。這是李秉喆的特徵。

不僅是半導體事業如此，愛寶樂園、安陽高爾夫球場的設置過程也是一樣的仔細與謹愼。在興建愛寶樂園的時候，也是先一一檢視全世界各大知名主題公園之後，才開始進入具體實施的階段。在所有新創事業開始之前，李秉喆都會先反覆分析確實瞭解後，才將計畫予以實行。

他會爲了製造一流的襯衫，而購買一五〇件全世界最頂級的襯衫，而且每天試穿一件。得知自己罹患胃癌，他便閱讀所有與胃癌有關的書籍，甚至連爲他施行胃癌手術的主治醫生也是由他親自選定的。

李秉喆一一調查巴黎國立癌症研究所、英國國立癌症研究所、西德海德堡醫學院、美國國立癌症研究所等各知名研究機構的權威，最後認定日本癌症研究所附屬醫院的樟谷環博士爲手術的不二人選。

李健熙在研究方面的精神和父親是不相上下，一樣十分專注。

從汽車、VTR、行動電話等機械的拆解，到金融問題、企業經營與技術方面，李健熙投注不少心力於研究之上；此外，在飼養繁殖狗、興建高爾夫球場、蒐集汽車、騎馬、鯉魚、檜木、日本歷史等領域上，他也有廣泛的興趣。

在這些領域，他可不是只有業餘的水準，而是具有博士級的程度。李秉喆與李健熙兩人對任何的企畫案，都十分討厭打馬虎眼、含混不清的態度。只要是碰上了問題就一定要研究到最後，兩人個性都十分頑固。

李健熙最常講的一句話就是日文的「粘り」。意思指的是韌性。也就是堅持到底的意思。

李健熙只要投入一件事情，經常會不分日夜地全神投入。比方說，金泳三政府在施行「金融實名制」（譯按：韓國政府規定與金融機構進行交易時，禁止公司使用假名或其他名稱，一定得使用公司的本名才能與金融機構進行交易。一九九三年八月十二日以後於韓國金融機構全面實施。）的時候，他即刻就積極的去瞭解何謂具體的金融實名制。

爲了瞭解金融實名制的本質，他直接找來相關學者、稅務人員以及金融專家，當面請教。最後他得到的結論是，韓國根本沒有一個眞正瞭解金融實名制的人。

就連專家學者對於金融實名制也只有字面上瞭解的程度而已；沒有人能說明金融實名制的施行，對於整個國家的經濟、社會、國家，以及三星集團會造成什麼樣的影響。

當時政府之所以要實施金融實名制是想將地下金融正式公開化。主要也是希望地下金融的金錢能補貼當時窘困的韓國國內經濟。

然而，韓國政府、學者、企業、研究所等等，沒有人能判斷金融實名制實施之後會帶來多大的效果，又會帶來多大的副作用？這一點卻是李健熙最想要得知的。結果在經過不斷的研究與瞭解後，李健熙成爲韓國最瞭解金融實名制的人。在這方面李健熙很像他父親。然而李秉喆與李健熙有著最大的不同點。

李秉喆認爲企業是人爲的，因此人才爲企業的第一考量。李健熙卻不這麼認爲，他認爲品質比人才重要，人才只是爲了製造出更好品質的產品而存在的。

李秉喆具有獨特的領袖風格，要求正確、重視現實狀況等特質；而李健熙則是具備靈活的思考方式、可變通性，以及前瞻性的眼光等特質。

# 3

# 入主三星

## 第二創業以及超越父親

管理部門將管理重點擺在物品的數量，
而非質量上面，集所有焦點於數字的增加或減少。
只要數字增加，就是代表好的表現。
這樣的思考方式，長達五十年來
暗暗地支配三星所有的人員。

## 擔任董事長

一九八七年十二月一日，在湖巖藝術廳舉行三星集團新任董事長的就任典禮。一三〇〇多位公司職員將會場擠得水洩不通，新任董事長李健熙緩步經過會場中央，步上講台。這一天是李秉喆董事長去世後的第二十天。

李健熙在集團經理級主管的推薦下正式繼承了三星集團。當天會場講台上陪同出席的有三星物產董事長以及集團內社長級主管，李健熙接下三星集團社旗的那一刻，也代表了李健熙正式接下掌管龐大三星集團的經營大權。

父親過世才沒多久，就立刻繼承三星大任的李健熙，在就職典禮中，不時可聽見他語帶哽咽地宣讀著就職宣言。會場氣氛莊嚴而肅穆。年僅四十六歲的年輕總裁就此上任，一肩挑起三星集團的重責大任。

就職典禮結束、緊接著進行簡單的餐會。之後李健熙與社長級高階主管共同前往已故李秉喆董事長的住所，再次祈求冥福。

接下來一年兩個月的時間中，他四處拜訪國內業界的前輩，也拜訪了包括美國奇異公司的威爾契等全球知名大企業的總裁。

一九八七年十二月，李健熙四處奔走，渡過了他董事長任期的第一個月。一九八八年緊接著來臨，而這也是李健熙就任董事長、眞正開始接掌經營三星這個大集團的第一年。此外，一九八八年更是三星創業的第五十週年。

那年的三月，李健熙發表「第二創業」宣言。宣言中指出：爲了第二創業，將致力於促進新領域事業的開發，以及重組整個三星事業結構。所謂促進新事業係指爲實現宇宙航空、月球表面基地、火星基地的建設，而投入宇宙航空事業以及遺傳工學、高分子化學等事業領域。

而所謂的事業結構重組，則是指合併那時仍各自獨立的電子、半導體與通訊事業。這項事業重組是基於提昇經營事業的考量下實施的。

當時的事業重組，可說是三星電子今日能成爲全球性家電、通訊製造廠的開始。然而實際的改革進程，卻不如李健熙想像中的簡單。

因爲既存的現況是最難以改變的。

當上董事長的第二年，我發表第二創業宣言，同時強調集團變化及改革的重要性。然而經過幾年的時間，仍沒有看出任何成效。已定型五十年的組織結構型態十分僵化，一時之間難擺脫自認爲「三星就是一流」的錯覺。特別是一九九二年從夏天到冬天，由於嚴重擔心三星體制隨時會崩垮、瓦解，終日惶惶不安的心情、加上又爲失眠所擾，那段期間，我足足瘦了十公斤之多。

這是李健熙當時的一段自白。

他在自白中提到「僵化的體制」爲何？又是因爲什麼緣故，讓他感覺到韓國第一企業的三星即將垮掉呢？

當時的三星，在前任董事長李秉喆董五十年來的經營管理之下，內部人員以身爲韓國第一企業的三星人而引以爲傲。但看在新任董事長李健熙眼裡，三星是陶醉在自認韓國第一的安逸與自滿之中。

在父親李秉喆的時代，只要董事長下達命令，各關係企業人員就會加以具體實踐，當時三星採取的是「上意下達」的經營方式。各高級主管的處理業務範圍內，董事長也親自參與。眾所週知，李秉喆董事長是個超級筆記狂。

在他的筆記本裡詳細記載著各項內容，例如：當天必須做的事情、昨天以前完成的事情、預先瞭解的事項、需要再確認的狀況、排定的見面時間、約定共進午餐的人員名單、必須致電的地方、即將訪問的地點、預備購買的物品、預備獎勵誰？預備懲罰誰？計畫購買的書單、從電視或報紙中得知的資料摘要……等各種芝麻大小的事情，他都一一詳細地記載在手冊裡。

在事前排定預定會面的時間，並且只在約定的時間內與對方會面。李秉喆是比瑞士手錶更爲精準的企業家。李秉喆具有一種「反覆確認再確認」的性格，即使是遇到石頭做成的橋，也要敲敲看是否堅固才過橋，爲了讓事業可以順利經營，於是才成立了祕書室這樣大規模的組織。

三星的祕書室在一九八〇～一九九〇年代可說是韓國最強的情報資料分析組織。辦事效率很高，但也擁有莫大的權力。依李健熙的判斷，如果祕書室不加以改革，那麼整個三星就不可能踏上改革之路。

## 重新整頓祕書室

三星集團祕書室的成立不是只有一天兩天的事情。祕書室是在李秉喆董事長的指示下，所成立之先進大企業的祕書室與具備軍隊般的嚴謹組織。從祕書室身上反應出李秉喆個人獨特的經營風格。

「祕書」這個職業名詞的出現，有好長一段的歷史。

早在紀元前六千年左右的古埃及，就已經有親近君王、爲君王記錄種種治績的官職。紀元前三十年左右，出現在埃及豔后（Cleopatra）身邊有位名爲狄奧米德斯（Diomedes）的男祕書。然而 secretary（祕書）字彙的正式出現是在十五世紀的英國皇室。

當時所稱的祕書(secretary)主要負責國王書信與文件的收發。一直發展到一八〇〇年代，在產業革命之下，隨著個人企業的大量興起，祕書這個職業才開始普遍。

這是英國與美國祕書制度的開始。然而李秉喆啓用的祕書制度與英國、美國的祕書制度不同。他所援用的祕書制度是德國毛奇（Herlmut Karl von Moltke, 1800~91）的參謀制度。

毛奇的參謀制度裡所稱的並非 secretary，而是 staff。

被譽爲戰略天才的毛奇，在德國與丹麥之戰（一八六四）、與奧地利之戰（一八六六）、與法國之戰（一八七〇~一八七一）等戰役中爲了取得勝利，因而創造出所謂的參謀制度。

爲了更有效率地指揮軍隊，毛奇創造了 staff，也就是參謀制度，將軍隊分爲管理、營運、作戰、用兵、福利制度等不同部門。賦予參謀人員特定部門的責任，也同時給予他們一定程度的權限。

參謀必須即時提供毛奇必要的情報，協助他判斷軍情，擬定相關軍事策略，以輔助毛奇正確下達軍令。

參謀制度後來傳到日本。原因是日本政府沿襲了德國近代的軍隊制度。日本仿效德國軍隊制度的肇始者爲桂太郎（一八四八~一九一三）。

桂太郎後來歷任日本總理，在他年輕的時候，曾被派遣至德國三年研究德國的軍政與兵制。之後返回日本擔任育軍省大尉、沒多久被派遣爲駐德武官，好長一段時間負責情報蒐集工作。

之後擔任駐清武官，後又升遷爲日本陸軍參謀本部關西局長，歷任陸軍次官、台灣總都、陸軍大臣（將官）、總理等職，是日本當時最高的菁英將領。

一八七八年擔任駐德武官後返回日本，掌管日本陸軍改組的工作。自此以後，日本陸軍即開始承襲德國的參謀制度。之後，日本的參謀組織在眾多戰役之中，發揮強烈的功效。首先是中日甲午戰爭。

在中日甲午戰爭爆發之前，桂太郎憑藉其在清朝擔任武官時期所蒐集來的情報，預測日本能在中日戰爭中獲得壓倒性的勝利。根據他所蒐集的情報顯示，當時清朝北洋艦隊的外觀雖然看起來氣勢磅礡、但說穿了不過只是一堆大而無用的廢鐵。

理由是德國爲清朝所製造的主力軍艦——定遠號、鎭遠號，各艘都是超過七三三五噸以上的大型軍艦，是亞洲最大尺寸規模的軍艦。不過桂太郎分析，清朝的大型軍艦由於體積龐大速度慢，而日本的艦隊雖然只有二〇〇〇噸的等級，只要善加利用就能戰勝清朝的艦隊。

實際上，一八九四年六月二十三日，兩國於黃海爆發激烈衝突，清朝於首次交手中就潰不成軍。

雖然清朝北洋艦隊的軍艦在尺寸、噸數、航艦大小，以及砲火火力方面皆在日本艦隊之上，然而日本艦隊透過優越的速度戰擊潰清朝艦隊。

相較於清朝主力軍艦—定遠號、鎮遠號十四．五海里的航行速度，日本軍艦的航速高達十八海里。日本航艦指揮部將日軍艦隊的這項優勢充分加以運用，以敏捷的速度逼近清朝軍艦，隨即用槍擊炮射殺甲板上的砲兵，透過快速度的作戰方式使清朝艦隊頓失反擊能力。

日本能在中日甲午戰爭當中獲得勝利，主要是憑藉其周全的情報力，以及善用日軍軍艦高速度的優勢。日本政府早在開戰前兩年，透過各項管道蒐集相關情報，並以此情報爲基礎擬定作戰策略。而負責作戰總指揮的是日本「大本營」。

大本營是日本天皇直屬的參謀本部。爲仿照德式參謀本部而新組成的編制。日本充分運用參謀本部的編制，在清日甲午戰爭、一九〇五年日俄戰爭中爲日本取得勝利，一直到第二次世界大戰爲止，日軍參謀本部持續發揮了重要功能。

雖然日本在二次世界大戰中慘敗，但參謀制度卻沒有因此而消失。之後，日本企業將參謀制度加以運用，而發展出現今「祕書室」的組織。最具代表性企業的就是三菱以及三井集團。

三星的祕書室成立於一九五九年。

一開始祕書室是屬於三星物產內部一個「課級」的單位，當時工作人員不過二十多位。第一位祕書室室長是曾經擔任第一紡織總務課長的李西裘。在擔任一年又六個月祕書室室長期間，李西裘掌管典禮儀式、銀行管理以及文件書信撰擬等工作。

在那個時候，三星的祕書室主要還是負責處理一般的日常性事務。然而自一九七五年，李秉喆董事長研究分析日本的三大財閥企業—三菱、三井、住友集團的祕書室之後，三星集團的祕書室也開始大幅度改組，並改變了原先的樣貌。也因此開啓了韓國貿易商社時代的到來。

極力勸進韓國投入貿易商社制度的是日本人瀨島龍三。瀨島龍三一九一一年出生於日本富山縣，二次世界大戰期間於日本軍在南太平洋海戰撤兵作戰時擔任主任參謀。也曾在關東軍司令部擔任主任參謀、大本營中擔任陸軍、海軍參謀。二次世界大戰日本戰敗，當時擔任關東軍參謀的瀨島龍三被蘇聯逮捕，居留於西伯利亞的專屬收容所中，經歷十一年之久，被迫從事勞動工作。是個具有濃厚傳奇色彩的人物。

一九五六年，結束長達十一年的俘虜生活，瀨島龍三被釋放回國，一九五八年進入纖維產業公司——伊藤忠會社。瀨島龍三一開始是擔任業務部長，之後歷任副社長以及副董事長，一九七八年當上伊藤忠會社的董事長。瀨島龍三發揮他之前在大本營參謀本部的作戰經歷、以及他在關東軍擔任參謀的經驗，將參謀組織引進伊藤忠會社。他於伊藤忠會社專務、副社長的任內，兼任參謀組織的負責人，主責於各種情報資訊的蒐集與運用，因此促成公司飛速蓬勃的發展。

一九六七年五月，敍利亞佔據約旦河上游，導致仰賴約旦河爲生的以色列突擊，造成中東戰爭的爆發。瀨島龍三預估這場戰爭絕對不會超過六天。後來，事實證明他的預測完全正確。

以色列在環境不佳的情況下，一旦供水源被阻斷，在戰爭之中很難撐過六天。再加上當時以色列的西邊是埃及、北邊是敍利亞、東邊爲約旦，可說是在阿拉伯世界各國四敵環伺的孤島。

如果水供應來源遲遲無法改善的話，對以色列將會越來越不利。全國國民只有步上枯死一途。

以色列決定發動與埃及、敍利亞、約旦等國的戰爭，但問題是需要速戰速決。如果不能速戰速決，戰爭時間拖得越長，最後還是會因爲水問題無法獲得解決，仍得向對方舉白旗投降。結果以色列定下戰爭一定得在六天之內結束、並取得勝利的作戰目標。阿拉伯世界如埃及、敍利亞、約旦等國結成強力同盟國，以色列決定同時向這些同盟國家宣戰。

如果戰爭開打，以色列判斷埃及、敍利亞、約旦會同時發動戰鬥機、砲擊機的空襲，加上坦克部隊採三面包圍式的壓境攻擊。

如果想要在六天之內結束戰爭，當務之急就是要採取先發制人的方式，摧毀敵方的戰鬥機與坦克部隊。

六月五日凌晨，以色列三〇〇台空軍飛機低空飛行躲過敵方雷達網，突襲埃及、敍利亞、約旦的飛機場。六月五日持續一整天的砲火猛烈攻擊。埃及空軍的飛機被摧毀三〇〇台、約旦與敘利亞各損失一〇〇台以上的戰鬥飛機。而這一天的戰鬥中，以色列只損失十七台的戰鬥機。

阿拉伯世界的空軍武力慘遭重挫。

開戰第二十四個小時的六月六日凌晨、以色列部隊掌控了所有領空。六月七日、八日以色列軍與阿拉伯國家的坦克部隊發生大型衝突。以色列投入八百輛坦克、阿拉伯世界國家則投入一千輛坦克。總數高達一千八百輛的坦克部隊在戰場上以猛烈的砲火相互攻擊。在持續兩天的坦克大戰之後，以色列摧毀將近百輛阿拉伯世界所使用的蘇聯製坦克。

掌握制空權的以色列戰鬥機在空中以砲火猛攻阿拉伯世界國家的坦克。當天的戰爭可說是第二次世界大戰之後，最大規模的沙漠坦克戰。

六月九日，以色列戰鬥轟炸機在戈蘭高地（Golan Heights）以如同大雨般的猛烈砲火轟炸敘利亞。緊接著以色列發動步兵進攻，直撲敘利亞的首都——大馬士革。

這場戰爭始於六月五日，到六月九日三、四天內的時間，以色列軍不斷發動先發制人的攻擊行動。結果在第六天——六月十日，阿拉伯聯盟國家舉手投降，發布請求休戰的宣言。

短短六天之內，以色列擊敗阿拉伯世界的埃及、敘利亞、約旦三國，取得壓倒性的勝利。之後瀨島龍三的預測也一直十分準確。

一九七〇年初，他預測中國將會進攻越南。果眞就在三個月之後，如他所預期的，中國進攻越南。而這是基於他在情報界長期耕耘，擁有各式不同的情報來源，最後所做出的分析判斷。瀨島龍三優異的判斷力對伊藤忠會社有很大的助益。讓原先不過是纖維產業的伊藤忠會社，最後發展成爲日本排行第一的貿易商社。而瀨島龍三本人也晉升爲伊藤忠會社的董事長。

瀨島龍三蒐集各種諜報，以及他分析情報的優異能力，讓瀨島龍三之被稱做是伊藤忠會社的參謀總長。而且他也擁有一種傑出的判斷力，可以從蒐集到的情報，分析預測出未來的趨勢。

對於貿易商社而言，資訊情報與商社的利益有最直接的關連。企業繼續生存或瀕臨倒閉，資訊情報扮演關鍵的角色。

某一年，日本某家原木貿易公司的老闆得知俄羅斯農作物當年產物收成不佳。雖然只是一則簡單的情報，瀨島龍三卻能分析出這項消息會對自己的貿易商社造成什麼樣的影響：

俄羅斯農作物收成不佳—因此必須從國外進口穀物—然而俄羅斯沒有多少外匯—俄羅斯政府必須出售持有的黃金以換取現金—俄羅斯出售黃金，造成國際黃金市場的供給過剩—因此國際金價下跌—俄羅斯政府售出黃金沒有獲得預期報酬，因而重新檢討資金調度方案──於是替代方案改以出售原木以籌措資金──這次造成國際原木價格下跌──因此日本貿易公司所持有的原木，必須在國際原木價格尚未跌落之前就提早賣出。

這是瀨島龍三的推理。

他透過這樣通盤體系式的推理，在俄羅斯大量售出原木之前，提早將公司保有的原木於國際市場中賣出，以取得較高的價格。

而這就是資訊情報的力量。透過單純消息的分析與推理就能變成有力的情報資訊。資訊情報力量影響之大足以讓一家企業繼續生存，或是關門大吉。貿易市場是沒有武器的戰爭，為了在貿易市場的戰爭中取得勝利，正確資訊情報的取得與分析判斷是絕對必要的。

一九六三年韓國進入第三共和國之後，瀨島龍三經常與當時的朴正熙總統、金鍾弼總理會面。一九七三年初，金鍾弼總理請求瀨島龍三針對改善韓國經濟問題，提出建議的方案。那就是：「如何讓韓國在經濟發展的基本層面中，達到出口額一〇〇億美元、國民生產毛額每人一〇〇〇美元？」

對此，瀨島龍三所提出的解決性建議方案是韓國應該設立綜合商社。他指出：韓國因為本身資源不足，需要透過物品的進出口才能促進國內經濟發展，因此當務之急就是要成立綜合商社。韓國政府聽從他的建議，實際上瀨島龍三勸導韓國政府成立綜合商社的另一理由是希望讓伊藤忠會社可以再度擴充及發展。

日本自一九五四年起先後設立的三菱商社、三井物產（一九五九）、伊藤忠、東綿、江商等貿易商社對於增加日本的出口有相當大的貢獻。

結果朴正熙政府在一九七五年四月三十日，發表「綜合貿易商社指定方針」、一九七五年五月十九日三星設立了第一家貿易商社。

然而我們可以進一步發現，其實三星在這之前已經針對設立貿易商社這個議題進行檢討。

三星在政府發表「綜合貿易商社指定方針」的四年之前，就已經向政府提出「栽培國內綜合貿易商社」的建議書。而事實上，三星提出的建議書，部分內容成爲後來官方版本的其中一部份。

結果一九七五年三星領先所有的大企業，成爲首先設立貿易商社的企業。這同時，瀨島龍三提出他的勸導：各企業在設立貿易商社的時候，應該成立專責蒐集與分析情報資訊、功能如同參謀本部一般的祕書室。

瀨島龍三與企業家李秉喆兩人的交情匪淺。從一九六〇年李秉喆到日本東京經商的時候，兩人就成爲無話不說的好朋友。之後在李秉喆的告別式中，瀨島龍三以日本友人代表的身份、代表宣讀祭文；爲了慶祝李健熙就任三星董事長，瀨島龍三還特地出席在日本大倉飯店（Hotel Okura）爲李健熙舉辦的慶祝宴會。足見兩人之關係匪淺。

因此，瀨島龍三爲李秉喆董事長詳細地解說：貿易商社的設立與情報掌握之間的重要關聯。貿易商社是以全球規模龐大的市場爲對象所進行之各式各樣的商品交易往來。

此外，由於在全球有無數分公司以及利益單位，要更有效率的統領、管理這些單位，就需要設立祕書室這個組織（後來的集團本部企畫調整室，現在稱爲結構調整本部）。

祕書室的工作主要是負責企畫及調整。也就是根據全世界各分公司傳來的情報資訊，擬定因應各種狀況的企畫調整。當時祕書室室長還擁有代替董事長向各地分公司下達業務命令的權限。

祕書室業務的核心是情報資訊的蒐集與分析。經由貿易商社提升出口量，增加國家財富，讓國內事業發展快速等等，這些都是經由情報蒐集的企畫與調整，也就是祕書室主要的貢獻。

新力董事長出井伸之有一次與世界級的經濟學者杜拉克（Peter F. Drucker）博士進行對話。

當時杜拉克博士強調：全球性的大企業裡應該有五位最高執行長。這五位除了代表理事之外，還有負責未來發展的CEO，負責財務、人事、公關的CEO，杜拉克博士建議出井伸之會長企業應該再增加一名人員。

應該再增加的人員是負責情報資訊蒐集的CEO，也就是CIO（資訊長，chief information executive)。當時李秉喆董事長也是在這樣多方面的考量下，分析日本三菱、三井、住友、伊藤忠等大企業的祕書室，最後成立了三星祕書室。

因此在一九七〇年代成立的三星集團祕書室，在情報蒐集、致謝、公關、企畫調查、企畫、人事、國際金融、財務、技術、祕書、資訊體系、經營管理等廣泛領域輔佐李秉喆董事長。

不管是日本的大本營、還是大企業的祕書室，優秀的人才是致勝的關鍵要素之一，而三星也是如此。有「人才士官學校」美譽的三星集團祕書室負責忠誠地輔佐董事長。事實上，李秉喆大部分的指示命令，是經由祕書室下達，祕書室在董事長下判斷之前，必須提供他最縝密的情報資訊、並一一報告各種方案的評價結果。

無法否認的，祕書室對於三星集團的發展與成長，發揮了重要的功能。祕書室遴選出三星集團內部的菁英，組成集團之中最強而有力的組織。若說三星祕書室是韓國最強的人才單位可是一點也不為過。

一九九〇年高棉戰爭爆發的消息、金日成的死亡、俄羅斯即將購買發行收據用的金錢登錄機，以及內閣改組等等消息，三星祕書室都比韓國國內情報機關領先掌握相關資訊。

祕書室透過散佈全球的三星物產，進行全球各種情報的蒐集工作。祕書室利用這些蒐集來的情報來決定集團的投資方向，以及進行各相關企業的機能調整。此外還在李秉喆董事長做出重大決定時，提供最正確、最有力的資訊分析。

一九八七年，李健熙出任董事長初期，集團內百分之四十的經營權仍由祕書室掌控，由此可見祕書室主宰三星的程度。

尤其是三星祕書室的「監督小組」，不但擁有優異的情報蒐集能力、周詳的提案分析以及企畫能力，還握有集團相關企業的生殺大權。

三星內部有個眾所皆知的玩笑話：三星集團祕書室的監督小組為了掌握各部門是否有侵佔公款的事實，連安裝在公司廁所裡的捲筒衛生紙的總長度，都會親自加以測量。當然這種說法過於誇張，但祕書室監督小組的嚴格程度可見一斑。

一九八四年，祕書室財務團隊得知當時大宇集團從某銀行借貸三千億元的緊急資金後，便密切地追蹤這筆鉅額借貸款項的用途。因為當時三星與大宇在家電部分正處於激烈競爭的階段，三星祕書室必須瞭解對方這項資金是否將投入新產品的開發與生產。

如果是投入新產品的開發與生產，大宇勢必會推出新的競爭商品，果真如此，三星必須及早擬定相關的因應對策。在李秉喆董事長時代，祕書室的成員就像是三星集團的頭腦一般，同時負責各種複雜且多樣的工作任務。

三星集團祕書室不但要輔佐董事長，又要同時發揮祕書室的真正價值，從此以後，韓國其他大企業也爭先恐後地設置起祕書室制度。

如Kia（起亞）、大宇集團的董事長祕書室、現代企業的綜合企畫室、SK（鮮京）的經營企畫室等，都是以三星集團的祕書室爲模範而建立的組織。當時韓國大企業的祕書室或是企畫調整室所屬員工每天都必須整理情報，並彙整成「一日情報報告書」，然後提報給上級。透過這樣情報的綜合、分析與評價的過程，以供企業經營的參考。

李健熙入主三星集團後，樹立了強力的權威基礎，三星祕書室也在領導集團組織的情報蒐集方面表現得可圈可點。

如今，位於漢南洞李健熙的自家住宅內，每天約有超過一百張以上的消息報告文件。報告之多、情報之完整，相較於韓國總統所能掌握的情報可毫不遜色。

這些情報靈活運用於三星物產的海外各地分公司、三星電子的電子營業網、三星生命的各地分公司等處。三星的職員在各種場合中，聽到任何與三星相關的重大情報，立即透過三星社內集團傳播網「Single」向上呈報，將情報資訊的傳遞加以具體推行。

向上呈報的情報經查確有參考價值，公司則以提供休假或報償的方式獎勵員工，用以鼓勵所有同仁用心爲公司蒐集相關情報。至於特殊的情報，則由結構調整本部內的情報小組進行蒐集。也就是由十三～十四名的情報蒐集小組，蒐集各種提案的相關特殊消息，之後由七位分析小組就所得消息進行評估與分析，將情報傳遞給相關企業公司、或是寫成結果報告書，向包含李健熙在內二～三名的高階主管提出報告。

## 祕書室的弊病

就在祕書室組織擴展的同時，它的問題與弊病也逐漸地顯露出來。

舉例來說，在李秉喆董事長召開「御前會議」（亦即李秉喆董事長親自主持的社長級會議）之前一天，祕書室長（社長級）會事先將董事長將於會議中詢問的事項知會相關企業的社長，好讓社長們事先做好準備，以免到時答不出話，或是因爲說明不理想而觸怒董事長。李秉喆董事長對於這些問題也會事先掌握。

此外、祕書室監督小組的監督過於嚴密，關係企業即使是購買一隻一千元的螺絲起子，支出金額的結報從申請人、部長、理事、常務，大約得經過五、六個以上批准核可的圖章，才能完成結報過程。

如同這樣不合理、且無效率的形式化繁雜手續與過程，任何人不管願不願意，都一定得配合規定去執行。

一九九三年九月集團內部發生「拒絕監督風波」一事，可算是代表性例子。一九九三年八月三日起，三星集團祕書室的監督小組，從漢城到全國各地店面的三星生命進行一連串的監督行動。實施監督行動的理由是：祕書室監督小組判斷，從一九八二年之後的十年期間，有過多業務促進費花費在原定目標之外的地方。

他們完全不理會職員的辯解，而強調須配合公司的方針，強力推動巡視各地的監督工作。

一九八〇年初，韓國廣播公司KBS因規模、組織、事業、預算等過於龐大，無法自行實施監督的工作，因而委託三星祕書室監督小組協助監督工作的進行。

這是韓國公營企業首度委託私人企業進行監督工作，三星監督小組並宣稱不需要用到三、四個月的時間，即能順利完成工作。

曾備受肯定且具有這般實力的監督小組沒有不發揮實力的道理。但這次針對三星生命所進行的監督，不但將三星內部的監督範圍給擴大，施行的時間也比預期延長了整整一個月。

然而這次監督行動的過程中，相較於日本生命公司與其他經營業界的監督行動，進行的方式十分不人性化，引起釜山及湖南地方人員極大的反彈。

反抗的人士透過組織，公開地表示抗議：各三星生命分公司的領導人員都是業界的資深人員，憑藉之前的努力以及今天的地位，無論如何也不能接受監督的要求。甚至還要求監督小組必須致歉，並接受公司的懲戒。

相關人員同時還表達強烈的抗議立場，宣稱要是抗議的訴求未能達成，甚至不惜發動示威抗議，並直接向李健熙董事長陳情。

這是三星創業五十年以來，首度發生的抗議事件。

外號「管理的三星」，竟因內部的政策行動而引起職員如此強烈的反彈與抗議。

經由這次事件，三星生命自行籌組監督小組，重新進行內部的監督行動。

而這正是祕書室管理機能擴張的同時，所帶來的問題與弊病。

此後，在李健熙董事長強調之「自律經營」前提下，祕書室自一九九一年以後逐漸縮小規模，在改組之前，一九九八年還將人事、財務、企畫公關、祕書、經營管理等五組人員，減少為一〇〇人的編制。並在隔年，響應政府企畫室縮小方針，廢除原先的祕書室制度，改名為結構調整本部。

## 第二創業的時機

李健熙董事長曾經批判管理部門的不當造成三星的病態，當時他指責的就是祕書室的弊病。當管理部門的權力增加到某種程度，就會增加基層現場實際生產作業上的困難。

而這正是在韓國號稱最合理的組織——三星——實際發生的狀況。

當時，三星的主力企業是第一製糖與第一紡織，一般所關注的焦點在於今年生產的物品比去年多了多少？販賣量又比去年增加了多少？並且，只要做出砂糖、西裝、服裝，並銷售出去即可，所有的重點放在產品的「量」、而非產品的「質」。因此，以物品量為取決標準的思考方式，成了三星組織的一大問題。

也就是說，管理部門將管理重點擺在物品的數量，而非質量上面，集所有焦點於數字的增加或減少。只要數字增加，就是代表好的表現。這樣的思考方式，長達五十年來暗暗地支配著三星所有的人員。

此時，三星電子在日本當地法人工作的日籍技術顧問，針對三星集團的問題，向李健熙董事長提出診斷報告書，並指出三星未來發展的方向：

三星電子罹患三星病。提出的企畫與產品既非消費者取向，也無確實性及具體性。看不到任何微視（micro）與鉅視（macro）的區別。如果再不治療三星病的話，三星就會滅亡。

他所指責的是三星技術開發的水準、經營者的姿態，以及職員的工作態度等。問題是：員工的工作態度如果不能更積極的話，三星就只能追隨在日本企業的技術後頭；如果不加快電子的技術開發程度與推動速度，不但難以發展成爲世界級的企業，技術研究方面也將一直停留在基礎階段。

看過這份診斷報告書的李健熙，立刻斥責相關人員：「這樣的實情爲何不對我報告？」之後，吩咐集團主要人員傳閱診斷報告書的內容，並寫讀後心得報告。然而，類似的建議報告並非只有這一次而已。

任職於三星電子設計中心的產業設計日籍顧問——福田，也曾針對三星設計上的問題，多次向事業本部長提出建議報告，然而他的建議一直沒被採納。直到本部長終於正視到這個問題，才將這份指摘出三星電子問題的報告書上呈給李健熙董事長。

李健熙董事長在飛往法蘭克福的飛機上，偶然地閱讀起這份報告：

忽視現今設計領先的事實，三星人員只知一味執著於流行上的設計，而完全不瞭解工業設計與商品設計的眞正含意。截至目前爲止，也只有三星這家公司在開發生產新商品時，完全不需要提出商品企畫書。

看到這段文字，李健熙董事長感到十分震驚與憤怒，甚至氣到呼吸困難的程度。到這時，他才恍然大悟，原來祕書室室長、本部長、甚至各社社長，都沒有忠實地向他陳報公司的各項實情。

原先認爲自己在三星待了二十五年以上的時間，以爲對於三星已經有足夠的瞭解，然而在讀過福田的報告書之後，才驚覺自己對於三星的瞭解原來還不夠深入，李健熙因而感到十分鬱悶。

類似的情況也發生在新力。新力是日本首屈一指的家電企業。公司當然擁有許多日本最優秀的人才。某日，在盛田昭夫董事長與公司職員的聚餐場合中。

其中一位職員說道：「好不容易進入熱切期望的新力公司，直到我實際開始工作之後，才發現我原先所選擇的新力公司只存在我想像之中。」

進一步地說，自己的提出的意見經常遭受公司抹殺，自己提出的想法怎麼樣也無法有發光發亮的機會。

他更進一步地闡述：員工重視的並非新力這個組織，而是認爲公司應該讓所有員工認爲是自己的公司，願意將自己的全身心力投注在公司上面。

之後盛田昭夫董事長在社報中增加「轉職」一欄，讓所有員工可以轉任到自己想去的單位。福田的意見與想法也曾被公司所忽略，他的心情與新力的那位職員是大同小異的。

一直到眞正當上三星的董事長，李健熙才瞭解原來他眼中耀眼的三星，實際上還是在一般的企業水準之下。之後，李健熙董事長要求公司的日本技術顧問，必須提出在三星工作時的感想報告以及建議。

後來所提出的改進建議爲：

一、個人的表現都很優秀，但吝於傳達研究的內容。

二、每個人都認爲自己是第一，自滿於現況，而不願意接受具創造性的挑戰。

三、韓國企業不願事先預想未來的計畫，因而在問題發生後要花費更多資源來解決問題。

四、三星的管理者都過於急躁，只針對工作的業績與結果給予評價。

五、在富裕充足的日本，工作人員爲了生存，會像工作蟲一般日以繼夜地、熬夜工作，然而三星卻見不到這種情形。

六、所幸韓國還擁有一股年輕的力量。如何讓這些年輕人充分發展，正是經營者的責任。

李健熙整理技術顧問所提出的問題之後，立即交代將這份問題集交由課長級以上的幹部社員傳閱。

一九八八年，李健熙發表「第二創業」宣言，「第二創業」係指矯正公司之前的根本性問題。

一九九一年，李健熙結束美國訪問之後，在返回韓國途中，前往日本訪問松下。參觀松下的VTR生產線之後，李健熙買下一部新產品並加以拆解。

結果發現，松下，也就是National的VTR，不管在畫質上、鮮明度、畫面解析度、開機時間等各方面，都與三星電子生產出的產品有著懸殊的差距。李健熙更驚訝的發現，松下

VTR的品質如此優秀，然而產品內部的零件卻比三星製品足足少了將近三〇%。

李董事長立即打電話給集團祕書室，詢問在韓國與日本技術相差如此懸殊之下，日後市場開放之後，新力、松下等公司的商品陸續於韓國上市，三星是否已準備好相關的因應工作？祕書室表示目前仍無相關的因應對策。

李健熙隨即命令：「將一九八一年至今曾對各相關企業與祕書室提出的指示內容彙整，並儘速瞭解各單位針對各指示項目到目前爲止的執行情形，向我提出報告。」

結果，祕書室掌握到自一九八一年以來，李健熙董事長下達的指示項目長達二八四頁之多。

祕書室爲確認各單位是否執行指示項目，自各企畫室中遴選三～五名人員進行確認工作。遴選出的人員全部聚集在湖巖生活館，針對各部門的交辦事項一一追蹤是否已經執行。經由這個過程，得知董事長的交待項目大部分未獲得確實執行，而且大多數的交辦事項毫無下文。

曾自詡爲韓國最善於管理的三星集團，在管理上也不過是這樣的水準。

李健熙董事長的失望自然不在話下。他無法抑制對於三星這些弊病的感嘆，甚至還說：「被父親（前任董事長—李秉喆）所騙了」。

在一九九一年十二月五日召開的社長級主管會議中，他指出下面的問題：

雖然強調技術的重要，但卻完全不顧實際上的執行效率，只一味地胡亂增加研究人員以及研究開發費用。然而開發的主題不但不切實際，也只偏重於外型與展示面上的技術能力提升。

李健熙以工程師的角度，對公司的技術方面提出以上的指示，因此技術部門組成TF（Task force）工作任務小組，以確實檢驗是否瞭解董事長的指示事項，如果已瞭解董事長的指示事項，而卻只是作表面上的應付工作，也難逃李健熙的斥責。三星雖然成立無數個研究院，卻沒有任何實際的成果，新開發出的技術也不具任何實用性。

此外，經費負擔增加，造成公司本身損益構造的惡化。實際來說，一九九〇年曾有二五〇〇億元淨利記錄的三星，在一九九一年卻出現銷售額增加，但淨利卻反而減少的奇異現象。然而這不僅是一九九〇年、一九九一年的問題，而是自一九八八年李健熙上任之後，就反覆不斷出現的狀況。

再加上，職員們的意識型態沒有改變。時代正走向國際化，然而公司職員的意識還停留在自滿於國內第一企業的想法當中。

一般而言，當安排職員到海外出差時，通常會將較具能力的人員安排至市場潛力較高的開發中國家；然而三星實際的情況是，將較具能力的人才分派到市場情況已穩定的已開發國家，而開發中國家反而是安排實力較差的人員前往，在人事上的安排就是如此亂無章法。

結果，當年李健熙進行了三星自創業以來最大規模的人事調動。這次一共調動了二一七名人員，在生產技術部門調動了三十八位、海外部門調動十七位，人事安排上是以技術開發與國際化為考量的重點。

這樣大幅度的人事調動安排與前董事長—李秉喆時代，表現出截然不同的經營方式與理念。三星「第二創業」的時機問題，遠比他預期中的還要難。

在終身奉行著遵守原則規範、連頭髮也總是整理得一絲不苟的李秉喆五十年來的經營——李秉喆時代的三星，內部確實隱藏著許多嚴重的問題。

事實上，這並不是因為李秉喆的經營能力不足。而是每個人的能力都有一定的限度。一個多達十萬名員工的企業，自然有許多他視線無法顧及的地方。各個關係企業遍及全國各地，世界各地又分佈著分公司，三星企業觸角之廣泛、掌管事業之龐大，要統管如此大規模的企業，絕非一般人輕易就能辦到的。

在組織規模小的時候，只要憑藉著領導者的經營理念，就能將公司經營起來；然而當組織規模擴大之後，光憑藉經營理念是不夠的，而是必須將經營理念投注在整個企業上，李秉喆還未能理解到這一點。

李秉喆時代的三星員工個個都是「yes-man」。原因在於所謂的「top-down」領導方式。也就是上位者下達指示、下位者根據指示加以實行，李秉喆時代就是用這樣的方式經營三星。

舉例來說，位於漢城太平路，現今的三星生命建築，當初在建造的時候，就連外圍牆壁大理石的顏色、大理石之間的間距等，都由李秉喆一一指示、親自下命令。

新羅飯店的建造也是相同的情形：

每一間房間的大小、房間床鋪使用哪一家公司的產品、客房的手把使用哪種款式等等，都由李秉喆一一具體指示。

爲了提高飯店內的日式餐廳「有朋」的水準，李秉喆本人甚至親自前往日本當地知名的烏龍麵店、壽司店品嚐，覺得滿意之後，再派遣飯店餐廳主廚前往研修學習道地口味。

甚至在用過餐後，特意在牆壁上安裝把手，好讓老人家方便起身穿鞋，而且使用的鞋把兒也較長，這些都是遵照李秉喆的指示去執行的。

第一紡織的設立也是相同的情形。主要的生產機械必須是德國製，其他輔助的機器則使用英國、義大利、法國等國製品。此外，工廠在建造的時候，有關電氣的供給、用水、水質、交通，甚至勞動力與從業人員的技術指導與訓練，將近有四十八項項目，都是依照著李秉喆具體的指示加以實施。

這是李秉喆董事長時代充分授權底下幹部的知名事蹟。李秉喆董事長授予各關係企業負責人充分的權限，而這也充分地說明其「top-down」經營方式的本質。三星集團就是在李秉喆獨特的領導風範經營下，不斷地創新、不斷地突破。

而這並不是因爲李秉喆自己愚昧，才充分授權下面的人。而這正是我們父親那時代的行事風格。

李秉喆董事長通常稱呼關係企業負責人爲「某某君」。紀錄在筆記本上也是用一樣的稱呼方式。

他不把他們當作是在企業工作的社長，而是以君臣或是父子的關係對待。因此，他從來不說御前會議、也不自稱爲會長、更不說自己是企業的國王。李秉喆時代的是以傳統的君臣關係來經營管理整個大企業。

然而，時代是在改變的。

李秉喆董事長時代的三星雖然是「集權組織」的代表象徵，然而時代卻朝著「分權組織」的方向改變當中。美國早在一九二〇年代就已經如此，日本也在一九七〇年代之後就達成分權組織的發展。

然而自一九八〇後半年開始，儘管全世界在電腦普及化之下帶來快速的變遷，韓國的企業文化卻還停留在「top-down」的思考方式，也就是停留在集權組織的時代觀念中。舉例來說，在足球比賽當中，選手與教練應該是兩者默契十足、互爲表裡的，然而三星當時的情況，卻只有教練一人表現十分傑出罷了。這是當時三星的問題所在。

祕書室就是三星的參謀總部。

三星祕書室的設置仿照自輔佐德國名將毛奇元帥的參謀組織；而三星祕書室的標竿學習對象爲東芝、住友的祕書室以及毛奇的參謀組織。

然而，日本大企業之所以能優於韓國，最主要的原因是教練的更換。日本大企業的繼承人並不是從原董事長的子女當中所挑選的，而是從公司內部經過三、四十年間的訓練人才選拔出優秀的人才，爲整個企業帶來不同的氣象與變化。美國也是類似的作法。

也就是說，能力才是最首要的考量。是不是企業創始人的兒子就不重要了。只要是有能力，能充分帶領企業、掌握世界潮流脈動者，只要具備這些要件就能指揮經營整個企業。

## Big Deal——三星的分家

展開第二創業的步驟當中，其中一項就是三星的分家。三星的分家，在李秉喆董事長時代，就曾明白指示後繼者在他死後必須進行這項任務。不過李秉喆並未並未明確談論到該如何分家。

之後三星具體的分家情形是：第一製糖與安國火災交由長子李孟熙繼承，成爲今日的第一製糖集。在二子李昌熙過世之後，將第一合纖併入新韓 Media，由李昌熙夫人及其子女繼承。

此外，全州製紙、高麗醫院由李健熙的姊姊繼承，也就是之後的 Hansol 集團。新世界百貨公司則是交由李健熙的妹妹。

完成分家的大工程是在李秉喆過世八年後的一九九五年二月左右。由此可知這項大工程也是在李秉喆過世後好一陣子才完成的。

三星的分家多少是有一些曲折，不過都能在協議之下順利完成。其中最具爭議的就是三星生命的股利分配問題。

三星生命可說是當今韓國最大的一家保險公司，保險公司又被稱作爲「現金商社」，一旦公司發生緊急狀況，保險公司就成爲資金周轉的最大寶庫，單憑這一點，任誰都不會將這機會輕易拱手讓人。

一九九五年二月，三星集團董事長李健熙及家族重要成員齊聚在美國LA。這是自李秉喆董事長過世後，三星全家族主要成員的首次重要聚會。

這次聚會正是「最後的大協商」。

最棘手的在於三星生命將由誰繼承。當時新世界百貨公司是三星生命的最大股東（持有二七一萬股、佔一五・五%）、第一製糖居二（二一五萬股、佔一二・五%）。持有三星生命最大股的兩個企業都爲非商場企業。

當然透過股票市場重新分配持股比例是不可能的事情。也無法自訂每股的股價價格。而就三星方面，當然想便宜的買進新世界與第一製糖所持有的股份，而新世界與第一製糖當然也想以高價賣出股份。

三星方面想以每股八萬元的價格購入股票，然而新世界方面卻要求以其十倍的價格——每股八〇萬元的價格售出。

雖然無法得知最後新世界和第一製糖究竟是以多少價格將持股權移交給三星，但是根據猜測應該是以每股二〇萬元的價格成交。自此之後，三星集團順利接手三星生命的持有權，三星生命正式納入三星集團。至此，三星總算是完成最後的大買賣（big deal），並眞正進入李健熙時代。

最後三星集團保留了旗下的電子、物產、egineering、重工業、建設、電管、電機、資料系統、航空、信用卡、手錶、新羅飯店等關係企業，將原先二十六個關係企業縮減至二十四個。

自一九八八年的第二創業一直到一九九二年爲止，李健熙董事長全力投注在發掘三星的各項問題，並主導財產的重新分配。

讓我們來檢視一下李健熙這五年來的成績單：一九八七年李秉喆董事長過世時，三星集團的總銷售額是十七兆四〇〇〇億韓圜、淨利二二六八億韓圜。

李健熙開始領導三星的第一年（一九八八年），總銷售額達二〇兆一〇〇〇億韓圜、稅後淨利達三四一一億韓圜。總銷售額增加了二兆七〇〇〇億、淨利也比前一年增加一一〇〇億韓圜。

在李健熙經營的第一年就已經有不錯的成績表現。

第二創業的最後一年（一九九二年），三星的銷售成果以及所得淨利，更是淸楚證明了李健熙的經營能力。那是李健熙領導三星的第五年，三星集團的總銷售額達到三十八億二一〇〇億韓圜、淨利達二九三五億韓圜。

相較李秉喆董事長最後一年經營的成果，在李健熙的領導下，三星集團的銷售額成長兩倍以上。不過、雖然銷售額增加兩倍以上，淨利卻沒比一九八七年的成果高出多少，在此多少透露出企業在經營管理上存在一些問題。

然而，以李健熙四十六歲的年歲就要接掌三星這個龐大的企業，短短五年間能有這樣的表現，他的經營能力已經是不容小覷。

李健熙在擔任集團董事長的前五年，除了通盤瞭解與掌握整個集團的問題外，也努力和平地促成三星兄弟姊妹間的財產分家這項不簡單的任務。

一九九二年六月，李健熙在日本停留一個月。這段期間，他蒐集日本尖端半導體相關產業的所有資料，並拿來與韓國國內相關業者做分析與比較。全神貫注於三星企業之後五年的發展構想。

緊接著，李健熙立即展開三星最具革命性的「革新階段」。

# 4

# 一流標竿學習

## 要第一就不能第二

三星電子是癌症第二期；重工業是營養失調；

三星建設是營養失調與糖尿病；

綜合化學是先天性殘疾、一開始就不應該存在的公司；

三星物產的病症是三星電子

與綜合化學兩家公司加在一起的病症。

# 一五八天的國外出差

從一九九三年起，三星開始宣導「革新」的經營理念。當年一月，李健熙於三星的主管級會議中發表了信念詞：「在一石五鳥的企業經營精神之下，我們必須區分出哪些產業是二十一世紀所必須的、哪些則是不必要的，必須重新調整我們的事業結構，並且以此爲基礎，重新考量各關係企業的自立經營方式。」

一九八七年，李健熙擔任三星集團董事長屆滿五年，他已確實地掌握住三星的眞實面貌。李健熙診斷出各關係企業的情形如下：

三星電子是癌症第二期；重工業是營養失調；三星建設是營養失調與糖尿病；綜合化學是先天性殘疾、一開始就不應該存在的公司；三星物產的病症是三星電子與綜合化學兩家公司加在一起的病症。

照李健熙的診斷來看，三星的關係企業大部分都已罹患重病。治療這些重症的方法，就是李健熙所提倡的第二創業。一九九三年，李健熙董事長顯得十分忙碌。

他強調之前的五年是集團的修練與準備期，接下來的五年是第二創業的第二期，同時強調現在才是眞正實踐與收割成果的時期。他爲了具體實踐他的理念以及展現成果而四處奔走。而一九九三這一年，可說是他自一九八七年上任三星集團董事長以來、一直到二〇〇三年的這段期間，最忙碌的一年。

這一年，儘管他的個性不喜歡在外拋頭露面，無論是錄影帶檔案、或是在外界所舉辦的課程當中，我們都可以看到李健熙的身影。

我們首先來看看李健熙於一九九三這一年的幾個重要的行程：

- 一月四日　公司集團新年致詞
- 一月十一日　聽取電子關係企業企畫報告及午餐。
- 一月十三日　出席重工業關係企業主管級會議。
- 一月十四日　出席化學及其他製造關係企業主管級會議。
- 一月十六日　金融服務關係企業主管級會議。
- 一月三十一日　前往美國以瞭解美國市場現況。
- 二月一日　美國當地的通商懸案協議（之後以一個月的時間進行市場調查與半導體傾銷等問題之相關協議）。
- 二月二十七日　美國ＬＡ參加「出口商品比較評價會議」。

・三月二～三日　視察日本東京秋葉原電子市場。
・三月四日　在日本東京與最高經營階層主管進行主管級會議。
・三月五～六日　與新力、東芝公司董事長進行技術交流協商會。
・五月十二日　以大企業及中小企業的角色談如何提昇國際競爭力爲主題，對中小企業經營者發表特別演說。
・五月十五日　至高麗大學主講「三星的第二創業與提升國家競爭力」。
・五月十七～廿日　參加KBS電視節目「經濟展望台」。
・五月廿六日　至忠淸南道大田韓國科學技術院發表特別演說。
・五月廿八日　前往德國。
・六月十四～十七日　對德國法蘭克福當地相關企業社長及人員，以及駐派人員發表演說。
・六月十九日　指示洗衣機不良率太高停止生產。
・七月七日　宣達「七・四工作制度」的指示。
・七月十三～廿日　以日本東京之海外工作人員爲對象舉行「質的經營」會議。
・八月四日　結束上半年爲期六十八天的國外考察返回韓國。
・八月六日　以祕書室人員爲對象舉行「質的經營」會議。

・八月十九日　指示將理事級人員的人數調整為一〇〇〇名。
・八月下旬　前往日本訪問。
・九月初　返回韓國。

## 一石五鳥

這裡所謂「一石五鳥」指的是三星必須進行的事業種類，以及不需要進行的事業。所謂的一石二鳥指的是「用一塊石頭同時打下兩隻鳥」，這在韓國是經常使用的俚語。不過李健熙在這邊主張用一塊石頭打下的不只是兩隻鳥，而是五隻鳥。

然而一塊石頭如何能打五隻鳥？李健熙的這番言論是在一九九三年新年致詞時提到的，我們先來看看他實際的說法為何？

如果在家裡飼養寵物小狗的話，首先會讓家中小孩的情緒變得更豐富。

第二、原本在父母保護下的小孩，也會開始站在愛護動物、保護動物的立場。從小讓小朋友在這樣的環境下長大，日後出社會就會懂得如何替對方著想、也懂得給予與付出。

第三、飼養的寵物小狗日後如果加以訓練，可以成為警犬或導盲犬，可以幫助更多的人。

第四、狗對於自閉症患者也可以提供幫助，治療他們的心理狀況。

第五、飼養狗當作寵物，可以一改國際上普遍認為韓國人吃狗肉的成見。

以上就是李健熙以實際例子來說明他所謂「一石五鳥」的理念。

李健熙主張將這「一石五鳥」的理念導入企業，企業所做的每一件事情都必須同時發揮多種以上的效果。舉例來說，韓國國內電子公司TV負責人員至日本出差的時候，不應該只蒐集有關自己專業部門TV領域的資料而已，必須連相關的AUDIO音響方面的資料也一併進行蒐集工作。這就是一顆石頭打下兩隻鳥的想法。

也就是一加一不等於二，而是一加一必須大於二，公司所做的每一件事情都必須達成比二更大的放射效果。而這放射效果正是李健熙所提出的「一石五鳥」的想法。

在企業當中，職員與職員、部門與部門、公司與公司之間互相合作的話，一（職員之間合作）＋一（部門之間合作）＋一（公司之間合作）不只等於三，而是可以產生到五以上的合作效果。

我們接著就來看看李健熙於一月十一～十六日，在與各關係企業領導級主管會議中，所提出讓人印象深刻的談話內容：

在二百年前建設的華盛頓首府的道路率達四〇%。所有的事情都必須有長期性的計畫，再加以推動及施行；即使居時機會錯失，也能及早避免損害的發生，因此我們應該有計畫地進行事業的經營。

在爲二十一世紀所做的一切準備，我們如果不能在二～三年之內完成的話，就會失去躍升爲世界一流企業的最後機會。大家都必須緊抓著今年這個最後的絕佳機會。四十～五十歲的這一輩，可說是在我們國家經營發展過程中犧牲奉獻的一代，然而這一代如今成爲中上級以上的主管，在即將到來的二十一世紀，也應該有所覺悟到必須肩負起歷史的重擔。

所謂一流的企業必須能事先預測到二十一世紀的發展、並做好一切因應措施。軟體的開發將比硬體的製造技術來得重要；因此，確保企業內的人才、以及培育高級人才是當務之急。

在這番談話中，最讓人驚訝的是華盛頓首府的道路率達四〇%。華盛頓是美國的首府，相較於華盛頓四〇%的道路率，漢城的道路率只有二〇%。

一九六〇年代，漢城才剛開始開發，由於政府缺乏長期性的遠見，所以並未進行完善的道路計畫。漢城今日的交通狀況之所以會成為世界大都市中數一數二的「惡劣」，最主要就是因為政府缺乏預知未來的遠見。

韓國政府連未來三十年以後的狀況都無法預期，美國政府卻能在二百年前就預知以後的交通狀況，同時搭配施行有效率的人口分散政策。

如今，礙於土地徵收費用的難以計量，漢城已經不可能再擴張道路。

在計畫初期如果沒有計畫詳盡的話，就有可能造成這樣的結果。即使是開發中國家的中國也沒有犯下這樣的毛病。

二〇〇二年五月，中國山東省的新興都市—榮成，開發出長達數十公里的八線道高速公路。我們連續兩個小時在當地看到的汽車數量不過才五台而已。

早在土地還算便宜的時候，就盡可能地拓寬道路，好讓都市能夠蓬勃發展。韓國的發展速度之所以緩慢，就是肇因於初期計畫的不周詳以及欠缺未來的前瞻性。

慶尙北道高速公路以及湖南高速公路正是代表性例子。

李健熙董事長特別注意到這個盲點。他於五月十五日韓國經營學會所舉辦的優秀經營者頒獎典禮的紀念演說當中，再次指出相同的問題：

今日韓國並沒有預見未來的眼光。因為無法掌握到變化的速度與方向，所以現在的企業經營水準也只能停留在反省現況、缺乏危機意識的程度。

如果想要提升國家競爭力，大企業就得移交給中小企業、公營事業轉爲民營化，如此一來才能促進經濟發展的活力，透過道路、港口、電機、水利工程建設等社會間接資本的擴充才是首要的工作任務。

韓國目前的狀況是公營事業佔全體附加價值的十一．九%比重，比起日本的一．七%、法國的七%要高出許多；在國民總生產當中公共部門也高居五十三．七%的比重。

而電壓的誤差如果不能降低到一%之內的話，就難以進行超精密的技術產業發展，如不能預測出道路及港口運載貨物量的多寡，就無法進行計畫性經濟以及計畫性生產。因此，政府必須大幅增加社會間接資本方面的投資。

一九九三年五月完成、由李健熙董事長所提出的「財閥的概念整理與合適的事業經營」報告書中一一指出韓國財閥所帶來的種種問題：資本獨佔、企業規模與企業領域的畸形肥大，以及企業營運方式的種種問題。

根據這份報告書內容，要改善這些問題，大企業首先必須具備國際競爭力、追求大規模的經濟發展。因此必須明確地指示出企業經營理念、視野方向，以及企業戰略性事業應該扮演何種角色。

其中被指出三星應該撤出的事業包括了：超過經濟規模的事業、不具競爭性的事業、大規模資源開發事業、金融業、不動產投資業、中小企業、交替事業等，以及不符合當今國民情緒需求的事業等等。

此外，針對三星主力企業與事業多角化相關事業，可供給主力事業的原料部門，或是相關業界可販售的商品、事業領域重複性高的業種等加以合併。

因此，以電子爲中心，將電機、機械、鐘錶、資料處理系統、醫療機器等事業加以整合，並同時檢討是否將航空併入重工業之中。

今日三星集團分爲電子、金融與化學、重工業等三個領域的面貌，在當時已經可以窺見大致的輪廓。

實際上，從一九九三年六月起，三星集團爲提高事業結構的機能性，就已開始進行非主力事業的整頓工作。從那時候開始，三星從原先一般消費者印象中的製糖、紡織等消費性生產企業，轉型爲以電子、重工業與工程，以及化學等事業爲三大核心的企業。

三星將其事業結構重組爲以尖端事業領域爲主，又細分爲能夠發展爲世界級的事業、資訊、尖端軟體比重高的事業等。

接著再次強調爲迎向二十一世紀，從現在開始就必須著手進行所有的準備。今日的三星之所以能與世界級的大企業互別苗頭，原因在於三星早在十年之前，就已經著手進行躍升成爲世界一流企業的一切準備。

同時，三星從一九九三年初開始，對於人才的培育與訓練，以及高級知識人員的養成投注了相當大的關心。關於這點，李健熙還特別強調如下——

第一、二十一世紀如果技術能力不能自立，企業就無法生存。因此，李健熙指示將原先的一兆一千億韓圜研究開發經費增加了三〇%。

李健熙當時在韓國所投注的研究開發費用，相當於韓國國民總生產額的三%，但相較之下，韓國的投資金額不過是美國的三十分之一，日本的二十分之一而已。

日本於一九六六年組成民間、官方合作的考察團，前往美國電腦業界考察，發現電腦在技術活用上扮演舉足輕重的重要角色，受到相當大衝擊，之後不但制訂電子工業振興特別法，在有關電腦硬體開發上的投資，日本政府更是積極性地給予支援，結果日本的電腦應用技術後來還反過來領先美國。

同樣的狀況，韓國只能說是技術的殖民國家，每生產一台彩色電視機，就必須支付七・八元的技術費；無線電話機一台是彩色電視機的二十倍——一六〇元的技術費；肝炎抗體是七八〇元、16MB Dram 必需支付十萬元的技術費用。

也就是說，生產越多的物品、就必須付出越多的技術金，結果只是替其他國家做生意罷了。因此要確保領先的科技技術，最重要的即是確保高科技人才的培育。

由此看來，如果不能在二～三年中完成尖端技術的開發、以因應二十一世紀的到來，就會喪失晉升世界一流企業的機會。

第二點、比起硬體的製造技術，軟體的開發技術更爲重要，因此人才的確保、以及高級頭腦的培育爲十分重要的課題。

李健熙強調，爲因應二十一世紀的技術開發，在人才的培育上，就應該要更加積極。已經進入二十一世紀的今日，我們可以看到李健熙當初就有如此的先見之明。

「一名天才可以養活十～二十萬名的人口。」然而這也是李健熙當時所強調的高級人才培育的重要說法之一。

此外、將研究開發費用增加三〇%，也是爲了確保尖端技術所做的投資，而尖端技術則是取決於高級頭腦的人力。李健熙董事長在一九九三年的新年致詞中表示：「透過高級頭腦以達成尖端技術的開發」。

李健熙董事長憑藉他在日本大學、美國研究所幾年下來的學習訓練，因此具備了對他國企業尖端製品以及世界化的洞察力。

最後李健熙還高喊「除了妻兒，一切換新」的實際口號，表現出他的「新經營」理念。李健熙新經營的核心理念就是「從我開始改變」。

這就是一九九三年六月七日，李健熙於法蘭克福所發表的「改變吧！」新經營宣言。而早從當年的二月開始，李健熙就在世界各大都市巡迴，以各海外分公司的社員爲對象，直接闡述他的新經營理念。

二月的ＬＡ會議、三月的東京、大阪會議，以及在法蘭克福舉辦的兩次會議。在每場會議之間，李健熙更巡迴世界各地的三星海外分公司，親自爲一千八百多名員工發表演說，前後長達六十八天之久。

## ＬＡ會議

李健熙在一九九三年一月三十一日前往美國ＬＡ，這是他首度出國考察。而出差的目的是要考察美國主要的貿易公司以及海外分公司，並且掌握當地的市場狀況。李健熙到達ＬＡ之後，立即在當地針對韓、美間的通商懸案以及半導體傾銷等問題進行協商會議。

李健熙與三星電子社長、三星航空社長、三星鐘錶社長等三星電子相關經營團隊人員一行二十三人，前往當地家電製品的賣場訪問。

ＬＡ是全世界一流家電製品的角逐會場。

在賣場中四處可見美國ＧＥ電子、惠普（Whirlpool）、荷蘭的飛利浦、日本的新力、東芝等世界一流商品，一流的設計與性能在會場上聚集高度人氣。會場中也有三星的產品。然而，三星的產品堆滿厚厚灰塵，被隨便放置在會場角落。

李健熙等一行人看到這個情景感到十分震驚。在韓國屬於最高級的三星產品，在全球市場中竟受到這樣的歧視對待。每個人都露出非常沈痛的表情。

同年的二月十八日。

在LA的世紀 PLAZA 飯店召開爲期四天的「電子部門出口商品當地比較評價會議」。這是在李健熙董事長的指示下所召開的評價會議。比較評價會議的用意，是將競爭業者的產品與三星的產品同時展示，並進行設計上以及品質上的對照與比較。

當時有美國的GE、惠普、日本新力、東芝、荷蘭的飛利浦等公司所製造的錄相機、電視、電冰箱、洗衣機、VTR、微波爐等，總共陳列了七十八種家電製品。

這次會議的出席人員包括三星電子社長、航空社長、鐘錶社長、經濟研究所所長等電子相關經營團隊人員二十三人。將許多公司的產品同一時間聚集，讓與會人員一眼就能比較出各個產品的性能以及設計上的不同。

三星電子的產品無論在性能上以及設計上都很明顯地落後於世界第一流公司的產品。相較於世界第一流的產品，三星的產品顯得相當不起眼，毫無特色可言。

三星電子在美國當地的法人公司——三星美洲電子H理事，在現場拿起麥克風報告當地的狀況。他表示其他相關企業在一九九二年也同樣面臨出口不振的困難。

這時，李健熙董事長突然怒聲喊道：「你出去吧！」

突然聽到向來寡言的董事長震怒的聲音，H理事當場反應不過來，不曉得該不該繼續他的報告，這時候接著又聽到李健熙董事長的大聲怒斥：

「這種報告不聽也罷！你立刻出去！」

當時的氣氛就像拉緊的弓弦，緊繃到了極點。

結果H理事立刻離開現場，三星電子社長試著想緩和當時的氣氛，但爲時已晚。

「三星怎麼到現在還有這樣不負責的人？我最痛恨推卸責任的人！」

在如同戰場一般的商場上，三星的產品現在仍然持續與世界各國的產品進行激烈的競爭，在這情況下，公司內部人員不但不同心協力克服當前的難關，反而是互相推卸責任。這樣的態度讓李健熙實在無法忍受。

李健熙再度說道：

> 美國是世界最大的市場。在美國市場的成功或失敗，將會決定一個企業是否得以繼續生存。看看現在的情況。我們的產品在美國市場中，受到這樣的冷眼對待。將來的三星又如何能在二十一世紀繼續生存？

即使在三星社長團隊的眼中，當時三星的產品，無論是在性能還是設計方面，都難以在世界市場中生存。那時有的三星產品甚至淪落到美國拍賣商店中販售。紐約的高級百貨公司，甚至連陳設三星家電產品的意願都沒有。

三星早在一九八六年就已經是死掉的公司了。我在十五年前就有這種危機意識。現在不是能不能做得更好的問題，而是站在生死存亡的交叉路口。我們的產品距離趕上先進國家的腳步，還有好一段距離。大家要拋開只做第二等的想法。如果不能成為世界第一，企業將無法繼續存活下去。

李健熙不得不說出如此衝擊性的言論。他希望所有人員都能感受到這種危機。所有高階主管經理團隊也因此感到十分緊張。

李健熙在一九八七年就任三星董事長之後，就診斷出三星的病症。三星的病症就是「韓國國內第一」的自滿心態。三星的人員如同井底之蛙一般，對於世界市場到底有多廣、多高，一點認知也沒有。

別以為自己是韓國第一而感到自滿。勝過國內的公司並不是眞正的勝利。我最痛恨這種自傲、自滿的心態。我們今天與世界一流水準間的落差，就是過去十年來不求上進的證據。

李健熙說明他憤怒的理由。事實上他早就知道三星的家電產品不及世界水準的這個事實。

一九九二年，李健熙就曾與祕書室次長李鶴洙（現任三星集團結構調整本部部長）共同前往LA出差。好不容易有一天的休假，隨行出差人員全都出去四處溜達，唯有李健熙董事長一個人一聲不響地悄然消失。

當出差人員傍晚回到飯店時仍不見李健熙董事長的身影。四處尋找之後，才發現他在自己的房間裡拆解機械零件。

他拆解外國製的名品VTR。他給隨行的出差人員放一天假，自己卻跑去家電產品販賣場購買VTR，之後回到飯店開始拆解。

雖然身爲企業領導者，李健熙還具備一種能力，不僅瞭解機械構造原理，也能從其內部結構分析出機械結構的好壞。如今李健熙之所以能帶領三星成爲世界級的家電公司，就是因爲他對機械具有與眾不同的獨特關心與興趣。

先進國家對於三星產品的印象是低廉的、便宜的。被放置在不起眼的角落，蒙上二

～三年的灰塵，然而三星的名字卻不應該是低廉的象徵。受到歧視的商品上面看到三星的名字，還不如不要用三星的名字。

李健熙就是如此責備職員的。一九八七年～一九九二年間，李健熙董事長為三星的改革而做了許多的努力，然而三星卻沒有因此而改變。自一九三八年創業以來，五十年來所形成的企業本質十分堅固，不是輕易就能夠有所改變的。

而就在三星自滿於韓國第一的同時，世界一流企業早已經不斷向上邁進，越來越進步。

未來二～三年是我們躍升為第一、一流國家、一流集團的最後機會。我今天會如此生氣、焦急也正因為我們已經沒有其他機會了。

李健熙董事長的斥責持續九個小時。他一一指出三星的所有弊病，並且提出具體的改革意見。

## 東京會議

李健熙考察行程從LA開始，之後又到日本以及法蘭克福，在將近三個月的時間內，透過四十八場次的演講，他對一八〇〇多名員工闡釋他的革新理念。其演講的內容有將近八千五百行的份量。

一九九三年上半年從ＬＡ開始，李健熙就一直持續著他的國外考察行程。從三月四日起進行的東京會議中，三星集團四十六位社長級人員，針對提高集團競爭力的策略性問題進行會議討論。在進行策略會議之前，就如同之前李健熙董事長在ＬＡ視察的情形一樣的，所有三星人員前往當地家電製品生產現場以及市場進行視察。

在一眼就能看出世界家電市場脈動的秋葉原電子產品賣場中，三星的產品一如往常，如同廉價商品一般陳列在日本商品之後。前往視察的人員全都大吃一驚。接著前往築地的交易市場視察，三星的產品依然沒有受到重視。

李健熙和相關人員一同前往東芝、ＮＥＣ、富士通等日本超一流電子、機械製造商的生產現場以及研究所參觀。

爲確實掌握三星產品在先進國家當地所佔的地位，以及當地對三星製品的印象，藉以提高企業的競爭力，因此才四處訪察以找尋適當的解決方案。

與其說東京會議是理論上的會議，倒不如稱之爲現場考察以及衝擊療法兼具的實地學習還來得妥當。

在美國我們已經得知三星製品的實際狀況與一般印象，爲了實際掌握日本競爭力以及其尖端技術的要點，我們必須在當地召開會議。

李健熙在東京會議的一開頭就如此說道。此外，他更激勵大家說：

如果我們繼續維持目前的經濟狀態三～四年的話，國家整體上將會遭遇到難以預期的危機。三星所有的高階主管團隊人員，都應該背負起歷史的使命，爲強化國家經濟力而共同奮鬥、努力。

這時，會議的焦點在於討論日本代表性的家電企業，其所製造的產品所具備的開發力、生產性、購買方式、勞工意識、合作業者的共同意識，以及企業經營方法等問題上。換句話說，也就是針對日本企業究竟在哪些方面領先位居韓國第一的三星，以此作爲會議討論的分析重點。

之後，東京會議於七月時再度召開。三月會議的與會人員是以四十六位社長團隊以及高階主管爲主；七月會議則是由高達一百多位人員共同參與的大規模現場會議。也就是在此時，具體地建構出「重質的經營」方案。

這次，李健熙以將近九個小時的時間，提出「品質重於數量」、「提高全球化的經營力」，以及「建構企業文化的革新」等理念。

李健熙駁斥以生產數量多寡爲衡量標準的職員心態：在傳統觀念下，一般講求越多即是越好的想法，因而養成三星職員的安逸、不求變化的觀念。

李健熙董事長在七月十三日～二十日，在東京再度召開爲期一週的海外員工會議。

我身上肩負著三星十五萬名職員的生計。一想到如此艱鉅又沈重的負擔，再感到自己的能力不足，不禁搖頭興嘆。花昂貴的旅費、安排飯店住宿，這樣大費周章地將大家聚集在這裡，是因爲國家和三星集團即將面臨空前的危機。大家如果不能體認這個事實，甚至有可能導致國家滅亡的悲慘命運。今日國家政情是如此紊亂不堪，如果我們再不振作，日本隨時都有可能輕易地把我們擊敗。

再看看認眞努力的三星，雖說是擁有數十個企業、數百種以上的商品，然而隨便指出一項產品——半導體當中的記憶體來說，充其量不過是一．五流、甚至是二流的商品。危險的指數日漸升高。我們必須出口。要出口就必須開放。要完整的開放，還是像北韓金日成一樣完全不開放，一定要在兩者當中做出選擇。

在這種情勢下，此刻不是詢問財閥該怎麼辦、經濟力要如何集中，以及專業性經營方式爲何的時候。該如何以最便宜、最快速的方式製造出最好的產品，這才是關鍵所在。

現在的三星擁有八百名以上的理事級人員，能眞正聽進去我這番話的，大概就只有十%左右。部長級的會長等人，能知道我在説什麼的也不到十%。在三星，如果和會長一起保有危機意識的人，能有五%以上的話，就算是很多了。我説過的話到現在都已經過了幾個月的時間，但是公司卻一點改變也没有。這是因爲大家都没把我的話聽進去。

比起過去五千年來世界上的種種變化，未來十年、二十年的變化將會更快速、更巨大。人的本質雖然没有變，但經濟制度、技術卻是一日千里地持續快速變遷。

然而大家不僅知識没跟上發展的速度、連觀念也没跟著改變。因此，從這一刻開始，大家不但要知道現在國家的地位、三星的位置如何，還必須瞭解自己究竟有多無知。什麼都不知道地活著當然是比較輕鬆容易。所幸，從去年一月我開始陷入苦惱、從八月開始睡不著覺，每日不斷讀書反覆地思考，甚至下令進行相關調查。到十月我終於想出應該怎麼做。爲了瞭解三星的產品地位、不良率有多少、賣出的程度如何，因而召開LA會議。然而因爲不安而召開的是上次的東京會議。

優秀的三星難道只能製造出這樣程度的產品？難道只能得到這樣程度的評價？

我們的三星明顯地只有二流的水準。三星電子三萬名員工製造出的產品，還需要六千名員工每日高達二萬多次的修理過程。這可不是開玩笑的，簡直太不像話了。爲什麼需要售後服務呢？爲什麼不將產品製造到不會發生問題呢？如此一來就不需要售後服務了。我們喪失了很多改進機會，然而不良品卻一而再地發生，連仿照其他廠牌的VTR技術能力都沒有，不但技術能力不足，也沒有挑戰的精神；而員工製造出不良的產品，也不會感到丟臉或生氣。我相信只要大家相互合作，至少就能減少九〇％以上的不良率。

要符合國際化、複合化，公司內部必須如同軍隊般地攜手合作，才能提升競爭力。國內的生產製造不斷外移至國外。因此設計、開發、研究的概念都必須跟上時代的腳步才行。

複合化是我發明的用語。以水源地區爲例。漢城每日從江北、江南各有約一千人通勤至漢城，然而水源地區每天有數千、數萬名人口，在早晨花上一個半小時以上的時間搭乘公車、捷運來回至漢城通勤上班。

工廠分散在四處、從這間工廠到那間工廠往往得花上十分～十五分鐘的時間。一天去幾間工廠的話就得花上一段時間，而實際工作的時數則不到三、四個鐘頭。

怎麼會有這樣不合理的事情呢？建造一棟一百層的高樓，其中在五十一層是可以二十四小時使用的三間大型會議場，建造大約是大型會議場四分之一的空間十至二十個，作爲員工可自由使用的集會空間。在新商品企畫的時候，需要集會兩次至三次，在這樣的系統中，一個月至少可有三次以上的聚會。以現在的狀況來說，三次的聚會就必須花上三個月以上的時間。關係企業的聚會也不容易聚會，往往參加聚會就得先花掉幾個小時的交通時間。

複合式建築與複合式都市建設可解決這類的問題。

二流國家的企業也只能是二流的企業。我雖然也想在我們國內興建工廠，然而以現有環境條件，根本無法購得一百～二百萬坪的土地。三星電管接手的德國映像管工廠佔地三萬坪，建築本身一萬五千坪，價值超過一千億元，但德國政府幾乎是無條件的情況下就出售給我們。而爲了改善工廠設備所必須投資的五千萬美元資金，德國政府以五年之內必須雇用一千名員工爲條件，以無償的方式支援四〇％的投資經費。反觀我們自己的國家，不但借錢收取利息，還說這是國家提供的特別優惠，工廠如果不在一年之內建造完成的話，就會以非業務用途的名義提高徵收的稅金，我看全世界也只有我們國家會這麼做。

三星的經營方式竟然是以管理爲主。擔任管理階層的人員之前幾乎都擔任過幹部。以數量爲主的思考方式，是從紡織與製糖時代背景下產生的經營理念。

結論是，如果不能從我自己開始改變的話，所有的事情都不可能會有所改變。變化是邁向一流的基礎。也只有由我開始做起，祕書室才會改變，社長、副社長、課長等人也才會跟著改變。雖然這樣做不知道會花上多久的時間。

我從現在開始的五年內都會這麼做。再過五年就是我接任董事長以來的第十個年頭，如果在十年內還是達不到我的預期，那我就會放棄。無論如何，我先跟各位約定持續五年的時間。但我相信只要試試看兩年，應該就可以知道到底行或是不行。

如果不從自己開始改變的話是不行的，除了妻兒之外，其他的一切都要換新。當然立刻改變是很困難的。但是即使是困難的，也總比什麼都不改變要來得強。我們要從最容易、最簡單的地方開始著手。

首先每天讓自己多睡十分鐘。我讓自己保持二十四小時清醒，然後睡十個小時。我一天只吃一餐的習慣已經持續超過一年。曾有人說過，跑步的人越跑越快、走路的人越走越快。討厭走路的人連坐著都能夠玩。這些都是互不相干的。即使如此還是保障著最基本的食衣住行。在三星裡頭，即使不工作也不會被趕出公司。

人即使是玩也不要忘了還要工作。爲什麼這麼說呢？爲的就是不要落後別人。我們不需要追趕跑步的人、走得快的人、走在前頭的人，而就只是站在我們原先的位置上。改變自己是不容易的、也是別人無法強迫的。排斥變化的人不改變也沒關係，只要不去扯別人的後腿就可以了。

最重要的是我們要向著同一個方向前進。不一起朝同方向前進的話，就會有人因此而受害。

三星集團的人員如果受到傷害的話，勢必也將影響到整個韓國，對所有人一點好處也沒有，那爲什麼不一起改變呢？

我將會親自抓出扯別人後腿的人。上位者將責任推給下面的人是最惡劣的行爲。沒有責任、沒有道德感的人，將會是第一個被我從三星趕出去的人。

三星只聚集一流的人員。大家如果都能拋開利己的想法、同心一志，任何事情我們都有信心能做到第一。

即使從公司的立場來看，公司員工離開工作崗位一個月以上的時間，經營的成果將會是一片空白，李健熙也絲毫不在乎，反而在日本當地激勵革新職員的理念與想法。

李健熙董事長想要與職員分享的是什麼呢？

我們的國家經濟如果繼續維持三～四年的現狀，而沒有任何變化進展的話，那麼未來國家的經濟將會遭遇到前所未有的危機。今天我們在日本，看他們的影響力席捲全球市場，除了確認日本競爭力究竟爲何，也應該要設法追上他們，並做好相關的因應措施。

以上爲李健熙的發言內容。回想起他在東京會議的這一段發言，我們不禁要佩服他當初預見未來的洞察力。

李健熙當時所提到到韓國三～四年之後所將面臨的危機，正好與一九九七年韓國所發生的IMF（國際貨幣基金）金融危機不謀而合。

## 法蘭克福宣言

李健熙再度前往歐洲。

這次他首先前往視察三星電管所接掌的柏林WF公司。WF公司是之前東德的企業。以低價購入WF公司原本讓李健熙心情相當愉快，但當李健熙一見到WF工廠時，心情立刻降到谷底。

原因是，李健熙見到映像管的庫存堆積如山。庫存過剩絕大部分都是因爲品質不佳的緣故。李健熙詢問當時在場的集團祕書室室長：「我不是再三強調，企業經營要以品質爲重點，爲什麼還有這麼多庫存？」

祕書室室長回答道：「爲了清除公司的capa產品，絕對不可能完全不考慮到產品的數量。而且現在公司的質與量已經調整爲五〇：五〇的比率。明年會將品質的比重提升至六〇％的程度。」

不能接受這番說法的李健熙，當場打電話給遠在韓國的集團祕書室次長：

「爲什麼沒有確實地傳達我所有的指示?」

他得到的是一模一樣的答案。

即使如此，李健熙依然很不滿意，前前後後又反覆地問了十次以上的「爲什麼」。最後他再度強力地下達以質爲第一的命令：「以後可以完全無視於產品數量的多少，也要將品質提升至一〇〇%最重視的程度。」

接著，李健熙董事長前往當時三星歐洲總部所在的法蘭克福。

法蘭克福與倫敦都是歐洲金融的中心都市。

李健熙在當地第四次召開會議。李健熙先後巡視了LA、東京等地，透過與當地主管級的戰略會議，一一掌握三星的問題。歐洲也是相同的情況。

第一次會議是以社長級以上主管爲對象。

從新經營理念的發源地所發起的法蘭克福宣言內容可以看出，其核心要點就是「除了妻兒之外，一切換新」。

「從現在開始得改變所有的一切。這樣下去不改變是不行的。」這正是新經營理念的宣言。法蘭克福宣言與其說是宣言，倒不如說是李健熙的演講還更爲貼切。

四次法蘭克福宣言，係根據不同部門、職等，以一百名全部員工爲對象，於一九九三年六月十三到十四日召開。

在一九九三年六月十三日會議揭開序幕的演講中，李健熙說道：

三星集團有十五萬名員工。十五萬名的家族成員如果朝各自的方向前進，三星這艘大船就會在原地不停打轉，但是如果所有同仁都朝著相同方向前進，前進速度就會增加十五萬倍。我們現在的狀況就是在原地打轉。理由有很多，其中包括國家的利益主義、個人主義等因素。

三星家族成員誰都可能因此而擔心或焦慮，我從各個角度看來，公司正不斷地在惡性循環，最後每個人都因此而受害。因此，我們必須針對於這個現象，趕緊找出一致的解決對策。財產或權力獨佔獨享是不行的。如果以獨裁的方式統一控制員工的想法，將會帶來更大的問題。現在我們最需要的，就是如何讓大家一起做得更好、活得更有智慧。這是我五十一歲以後才獲得的體悟。

我從韓國國民平均所得還不到五十美金開始，活到現在每人超過七千美金的時代。我看著先父將三星從二〇〇畝農田大小之地開始，到後來成爲銷售額超過四十億元的三星集團，前後經歷了許多的經驗。接任董事長以來的這五年期間，我有更多的體驗，也被騙得很多，當然也增加了一些閱歷。

要想成爲世界一流的企業，投身於能爲公司創造三～五倍以上利益的半導體記憶體體部門領域，是絕對有其必要的。電子部門在四十萬坪的場地中，雇用三萬四千名員工，所創造出的利益不過四百～五百億元。相反地，半導體只需要十萬坪的工作空間，使用一萬名人力，就能締造出五千～六千億的淨利。

三星集團需要大幅度改革也是基於這個理由。只是無論改革或是變化都需要適當的契機。波音七四七也好、人工衛星也好，一旦出發，一直到大氣層之前都要不斷飛行。半途停止不是墜機就是引發爆炸。

然而，在時機都還未成熟之前，貿然地施行改革必然會遭遇挫折。我們的目標就是讓三星所有家族成員都有更好的生活。為了達成這個目標，從人事、組織管理、工廠配置、國際化、時間分秒管理等，所有的一切都必須有系統地進行並加以完成。

企業的本質應該是將品質最好的產品、用最便宜的價格、以最迅速、最正確的管道來滿足消費者的需求。為此，我們應該培養出優秀的管理者，而我自己本身也應該不斷提升。經營者的責任之一，就是帶領整個組織朝更好的方向發展。

不管任何組織，好與壞幾乎會佔五％，其餘的人員都會跟隨著領導人往好的方向前進。而經營者的責任就是要緊抓住困難的五％、結合好的五％的力量，增進組織的發展速度。

此外，最高竿的經營者應該放下勝負之心。這雖然是我個人的想法，但是我覺得只要一超過六十五歲，就應該離開一個企業的最高領導位置。對於一個人的評價應該有三十年的時間。因此，社員遴選制度也該有所改變。

有關三星的人才募集制，文科是從大學畢業後，理工科則從大學三年級。但是我們以後要將募集人才的時機，提前到大學一年級。更積極的想法是透過直接經營管理學校的方式，來培訓養成更多必要的人才。

將營業額提升爲兩倍、利益增加至十倍的方法很簡單。透過機會的選擇，以及統整性的組織來提升整體的效能。尤其是在社會間接資本無法完全支援的現實情況下，更應該這麼做。

統整性的管理理念背景，是源自於國際化積極競爭力的管理理念。開發一個商品，最少需要七～八個部門之間的合作。而跨部門間的合作要提高到最大化，則部門與部門之間的距離，不應該超過十五分鐘的距離。

舉例來說，建造一棟高一百層的大型辦公大樓，內部設有辦公室、會議室等必備的便利設施，這就是其中的一種方法。如此一來，將會加速部門與部門間的溝通與協調。

我們不能不國際化。四千萬名人口要生存的話，就必須要靠出口。出口的先決條件就是開放我們的市場。如果一味地只想到利己主義，是無法達到國際化的。

我們在國內當然必須發展高附加價值產業，國外則要找出能善加發揮我們國家特有文化與風俗的方向。要想在全球化的時代，保持競爭力，一定就得先統整我們的步伐。電子、重工業、電管、航空等雖然分屬不同的行業，但也都是三星的一部份。歐洲的三星現地法人必須結合。從歐洲開始，到東南亞、中國、美洲等也必須一一統整結合。

到目前爲止，我們都被自己所束縛，被自己所築起的牆所困住。所有事業的原理都是相同的。我們必須從事業的「業」字的概念開始分析。所有的東西都必須找尋他的根源。人與動物最大的不同，就是人會尋找根源與基礎。因此，越是找尋出最根本的基礎，也就會變得越有把握。這一向是我所秉持的人生觀。

法蘭克福演講一次至少要持續八個小時以上。而與各社長級主管所進行的演講以及討論提問往往會超過十四個小時。

李健熙董事長一邊抽著煙、手上握著濕紙巾，說話的順序雖然有些隨興，但每場演講都是持續八個小時充滿堅定的語氣。三星集團也在全國各事業單位放映李健熙演講的內容。爲的是讓所有的三星人員都能瞭解李健熙董事長的理念。

李健熙的演講內容在韓國引起相當大的旋風，除了報紙週刊，也透過韓國廣播公司KBS播放他的演講內容，這次演講也成爲改變韓國企業文化的重要轉捩點。

從LA開始出發，經歷東京會議、法蘭克福宣言，一連串的會議就此告一段落。

這也是李健熙董事長為期六十八天、被稱為「新經營」的演講，總時數達三百五十個小時、一千八百名員工參與其中、討論時間高達八百個小時。

授課與討論少則八個小時，最長可達十六個小時。也有幾次會議討論進行到凌晨四點，又被稱為馬拉松會議。這時，李健熙展現出與過去截然不同的面貌。

由於會議時間過長、也無法另外安排用餐時間。出席會議的職員以簡單的三明治、漢堡果腹，甚至連上廁所的時間也沒有。主要是因為他們覺得會議討論的內容相當重要，因而不願輕易錯過。

平常沈默寡言，總是靜靜地處理公事的李健熙董事長，在這幾場會議、演講中，直接提出三星的種種毛病，斥責經營團隊的缺失，也在所有社員面前直接說明自己的經營理念與想法。

這是相當大的衝擊。董事長與社員一起進行長達八個小時以上的討論，並且率直地交換彼此的想法與意見。這在韓國企業是十分罕見的。

新經營之後，三星的首腦部門提出具體實踐方案。最終的結論就是「學習吧！」也就是透過標竿學習（bench marking）來補強三星的弱點。因此，標竿學習成了三星的優點。

一百年前。我國因為鎖國政策，在歷史的發展上落後其他國家五十年以上。而現在沒有一個人是能夠獨斷專行的。政府與企業、國民每個人都必須國際化，都必須全球化。

換句話說，到國外學習國際化是國家發展的捷徑。

韓國因鎖國政策導致國家發展落後其他國家將近五十年，事實上，這句話指的正是日本與朝鮮之間關係。

所謂韓國落後日本五十年，係指日本在一八六八年明治維新成功後，快馬加鞭的推行工業化，為日本帶來快速發展；然而朝鮮卻因一八九四年的甲午戰爭，導致韓國推行近代化的失敗。

當時朝鮮也曾以日本為標竿學習對象。前往日本進行標竿學習的是紳士遊覽團（韓國高宗時代之考察團名稱）。他們針對日本如何成功推行近代化進行調查與實地探勘。

韓國近代兩百年間曾經有過兩次對日本進行大規模的標竿學習。

第一次是一八八一年的高宗時代，高宗以「物精詳探」之用語，只是詳加調查瞭解日本；第二次則是一九九三～九四年李健熙所實施的標竿學習。

## 兩次標竿學習——高宗失敗，李健熙成功

一八八一年高宗為了推行韓國的近代化，因而以「物精詳探」指示詳細調查日本的情況。

而進行物精詳探的團隊在朝鮮被稱為紳士遊覽團，紳士遊覽並不是紳士去參加遊覽參觀。其任務也並不是外出遊玩，而是以詳細的考察瞭解當地物情，進行情報資訊蒐集的工作。

雖然在一八八一年之前已經有過兩次紳士遊覽，但是在該年所進行的第三次紳士遊覽則是最大規模的一次。高宗對於這次的調查也寄予高度的關注。

派遣人員皆被賦予暗行御使的身份，他們各自從漢陽出發，在釜山集合。為了協助人員的出訪行動，朝鮮政府請花房義質公司協助出訪，並負責通知回報的工作。紳士遊覽是在周延的保安之下進行的。所有經費及旅費全部由朝鮮政府負擔。

截至目前為止，歷史上對於高宗的評語是昏庸無能。然而，從高宗對日本所進行的標竿學習內容看來，高宗對於朝鮮文明的開化的確盡了相當大的努力。

紳士遊覽團於一八八一年四月十日出發，當年閏月七月二日回國，歷時四個月，對日本的各種實況進行調查。遊覽團一共有十二組，每組有五名成員。成員的組成為每組的組長兼調查員一名、隨行人員二名、翻譯人員一名、下人一名。

一組負責調查日本內務省及商務省的業務。返回韓國之後向高宗提出「日本內務省及商務省視察結果」報告書。一組負責調查外務省，返國之後提出「日本與各國締約關係之現況」；一組調查日本經濟企畫院大江省之後提出「聞見錄」及「海關總則」；一組調查陸軍之後提出「日本陸軍總覽」及「日本陸軍挑戰」等報告；還有其他組負責調查文部省及建設部。

當時呈交給高宗的報告書多達一百多卷。這是朝鮮政府對於日本首次進行的整體性標竿學習。當然之前兩次考察也都有提出報告，但是分門別類、鉅細靡遺的調查，卻與前兩次有著很大的不同。

之後，高宗即以這次標竿學習的報告結果作爲國家邁向近代化的基礎。然而朝鮮推動現代化的資金卻遭逢窘困。結果高宗派遣使臣前往日本，試圖向日本籌措三百萬元的借款——相當於朝鮮一年預算的資金。

然而由於日本覬覦併吞朝鮮，當然不願意幫助朝鮮推動現代化。日本政府拒絕借款給朝鮮。並且阻撓該使臣轉向美國貿易公司的資金籌措，該使臣最後還是無功而返。

在資金不足的情況下，朝鮮無法完成國家的現代化發展，並在二十年之後被日本所統治。但這可算是韓國近代化之後，首次針對外國先進文明所進行之完整而有組織的標竿學習。

之後在朴正熙集權體制下，也出現過浦項鋼鐵以日本鋼鐵業者進行標竿學習的例子。然而，工業生產幾乎必須全面性地涵蓋整體部門的每一個環節。能像三星那樣有組織又有系統地進行標竿學習，可說是史無前例。

## 三星的標竿學習

李健熙董事長經常耳提面命的就是「業的概念」。他指出，每一項事業都具有獨特的本質與特性，而經營的核心就是要去發掘出這個獨特性，並把力量集中在這個特性上以帶動發展，這就是所謂的「業的概念」。

有一次，從美國返回韓國的李秀彬會長，接到擔任三星生命會長的人事命令，前往拜訪李秉喆董事長，並拜會當時的副董事長李健熙。李健熙對李秀彬表示：「招募人員是保險事業的核心。」

當時李秀彬會長心中不禁懷疑：「這個年輕的副董事長對保險懂什麼？」然而，當他實際負責經營三星生命之後，才漸漸體認到的確如李健熙所說的，人員的募集是這個事業的核心。

李健熙所注意到的正是這個事業的核心。就保險業而言，募集人員的管理比經營本身還要重要。

他也說電機、電子是汽車產業的核心部分。截至目前爲止，一般人都認爲引擎與設計是汽車產業的核心，然而李健熙卻不以爲然。

他表示：電機與電子目前在汽車所佔的比率不過二十五～三〇%，未來這比率將爲提高到五〇%以上。

日本爲因應這個趨勢，包括日產、豐田等世界知名汽車製造廠，已開始每年選拔、培訓三百～五百名的電機、電子技術人員。

〈表三〉三星集團的標竿學習對象

| 部門 | 調查對象企業 |
|---|---|
| 電子 | 新力 |
| 重工業 | 東芝 |
| 纖維 | Toray |
| 庫存管理 | 西屋、APPLE電腦、聯邦快遞 |
| 顧客服務 | Xerox、Nordstom |
| 生產作業管理 | HP、Phillip Morris |
| 行銷 | 微軟、Helenecurtis、The Limited |
| 新產品開發 | 摩托羅拉、新力、3M |
| 購買與調整 | Honda、Xerox、NCR |
| 品質管理 | 西屋、Xerox |
| 銷售管理 | IBM、P&G |
| 物流 | Hershey、Mary Kay Cosmetic |

微波爐是由鐵盤、玻璃以及電子管等組成，其中最重要的部分不用說當然是電子管。因此在製造微波爐的時後，理當是以電子管爲重點，但若不重視電子管，反而是以玻璃與鐵盤爲重，這根本就是與事業的理念背道而馳。

以家電產品來說，重視這種「業的概念」是始自於日本。因此掌握日本製造產品的方法，以及未來發展方向，就能瞭解日本的「事業概念」。

因此，三星並不是毫無計畫、隨便地跟隨日本開發生產商品的腳步。舉例而言，製造微波爐應該是參考夏普或三洋所製造的產品，而不是胡亂地找松下的商品當作參考。

這個觀點，就是三星要學習「業的概念」的第一重點。於是三星提出向各領域中最具世界性 Know How 的公司，進行標竿學習調查工作。

在三星推行新經營之後，挑選出成爲三星標竿學習調查對象的企業如下：

首先要考慮的是，該向這些企業學習些什麼？

新力與松下都是世界知名的家電公司。現在三星已具備了與新力一較高下的實力，也已超越松下電子。但當初這兩家公司的水準其實都高過三星。

新力與美國GE是世界最好的家電企業。新力係由井深大與盛田昭夫兩人於一九四六年在東京後巷中成立的小型公司，當時公司的名稱爲「東京通信工業會社」。

井深大是電機技術人員出身，盛田昭夫出身於知名的釀造世家。兩人共同創業，技術由井深大負責，資金籌措則交由盛田昭夫負責。

新力於一九六〇年推出全世界第一台晶體管（transistor）電視，一九八〇年推出可攜型收音機，也就是隨身聽，爲全世界創造出新的流行風潮，今天新力的迷你筆記型電腦VAIO PC，以及電子遊戲機PSII等產品，正席捲整個國際市場。

新力以其最新的技術創造力稱霸國際市場。

「要成爲世界最好的企業，就得先成爲世界的先驅」（To be the best, to do the first），這是新力的經營哲學。

松下電機產業旗下包含有National、Panasonic、JVC等著名品牌，是日本首屈一指的知名家電業者，也是世界一流的大企業。松下電機的創辦人松下幸之助，向來有「經營之神」的稱號。

日本《朝日新聞社》於幾年前進行評選調查，松下幸之助當選爲過去一千年來最具影響力的頭號企業經營人物。

松下幸之助國小四年級就被學校退學。家庭窮困的松下，到別人家擔任保母工作的時候，無意間看到大阪市內的電車，因此有感而發地判斷說：「未來一定會是電機的時代」。松下幸之助十五歲的時候，進入大阪電燈公司工作。

也許是與生俱來的勤勉性格以及奮發向上個性使然，一九一八年，松下幸之助在他二十四歲的時候創立松下電機。

松下電機一開始是一個小公司，專門生產腳踏車上燈泡的插座以及乾電池。一九五〇年代後半期，洗衣機、電視機等家電產品逐漸在日本社會普及，隨著文明生活時代的到來，松下電機也日漸獲得發展。

松下電機的特徵是，不管經濟如何不景氣，公司都不會裁減人力（這項原則在松下董事長過世後隨即消失），此為松下「玻璃窗式」經營。玻璃窗式經營指的是：對從業人員公開一切企業經營的實際狀況，避免任何誤會發生，也就是將經營的方式予以「透明化」。

纖維部門──Toray 是第一紡織的標竿學習對象。

Toray 創設於一九二六年，主要生產尼龍、聚酯、合成樹脂、膠卷及化學物等，是日本最大的化學纖維企業。然而化纖產業赤字逐日增加，已然成為夕陽工業。一九八七年新上任的社長就明白地指出：「Toray 是糖尿病（大企業普遍犯的毛病）與急性肺炎（赤字）合併發作的患者」，之後以「全球化思考」為核心，重新進行企業的改組與重建工作。如今，Toray 在全世界八十二個國家設置工廠以及銷售法人公司，是日本的全球化集團。

Toray 社長主張沒有所謂的夕陽工業，在他的帶領下，Toray 重新開創自己的集團事業。

庫存管理部門的標竿學習對象是西屋。

美國西屋是生產發電專用設備以及電冰箱等家電產品的世界級企業。西屋由喬治・西屋

（George Westinghouse，一八四六～一九一四）在一八八六年創設於匹茲堡。

當時，喬治西屋和愛迪生同被稱爲傳電技術的革命家，兩人都是名氣響亮的偉大發明家，。

西屋爲了更有效率的庫存管理，在公司內部進行全公司的資源管理（ERP）。二〇〇三年，三星集團雖然已經陸續完成ERP。在這之前，全世界對於ERP的概念還十分生疏。本來在一九七〇年代，西屋認爲相關企業間的財物及資源係各自獨立，因只能自顧自的獨立營運，而無法有效地在各個事業單位中有效的流通與連結。

企業在整體性的設備發展以及家電製品的生產上，一定需要多樣且多數的各式零組件。當時，西屋並不能確實掌握所有零組件的進出與流向。

再加上一九七〇年代的西屋同時投入多項產業，因而累積了許多虧損，尤其是他們承接國家許多發展設施的公共工程事業，一九八二年雖然締造出高達二十七億美元的銷售金額，但是其產品無論是在品質或是庫存管理上都發生嚴重的問題，同時逐日喪失其競爭能力，之後公共系統事業部的湯馬士（Thomas J. Murin）社長爲了提高公司產品的生產性，因而組成生產性委員會，內部包括品質管理（QC: quality control）、價值工學（VE: value engineering）、電腦輔助資訊（CAI: computer aided information）等十二個委員會，負責調查公司內的所有生產現象與實況。

委員會分析狀況後得出結論，西屋就得盡快據以提高生產品質及管理能力，一方面提供給全體員工個人用電腦，另一方面提供電子郵件通信的管道，特定員工還可以使用家中的電腦，隨時掌握辦公室的資訊情報系統。

這是西屋在一九八〇年代就已經採取的措施。

不單單是庫存管理，西屋爲了對其他所有系統進行更有效率也更有系統的管理，投資的資金高達七百萬美元。一九九〇年初，他們開始引進ERP系統，將六個事業單位的財務、採購、品質管理、庫存管理等方面開始進行統一，這項工作於一九九四年完成。

換句話說，如果要提升業務量，整個工作系統的統一是當務之急。

Fedex也是在庫存管理部門方面相當先進的企業。眾所週知，Fedex是全球性的貨物運輸公司。今天，Fedex擁有一天可運送三三〇個貨櫃、以及可在四十八小時內送至全世界各地的急速運輸系統，爲了將托運物品更迅速的送達客戶手中，Fedex每日動員六四〇台飛機以及四萬五千多輛的車輛，並透過全世界二一一個國家、二〇〇〇多個服務中心進行營運。

貨物運送公司的成敗，取決於是否能在最短的時間將貨物送達客戶的手中，因此庫存管理能力十分重要。Fedex爲此在全世界各地設置電腦終端處理機，位於美國曼菲斯的總公司與全世界二〇〇〇多個服務中心連結，能隨時隨地的追蹤顧客貨物的流向。

透過在顧客貨物貼上的條碼，經由掃瞄條碼將顧客資料建檔，檔案立即在全世界十五萬台電腦終端機同時登錄，透過這套名爲宇宙網路系統（cosmos）與 super tracker 貨物追蹤系統，就能立即掌握貨物所在的位置。

只要顧客的貨物還在地球之內流通，系統就能順利完成物品的追蹤與管理。

在顧客服務方面，三星標竿學習的對象是 Nordstrom。

Nordstrom 總公司位於西雅圖，是美國知名的百貨公司之一。

Nordstrom 從一九七五年開始進軍百貨公司事業，現今於美國國內擁有七十七家百貨公司、一二二個賣場。二〇〇〇年的銷售額達五十五億九〇〇〇萬美元、淨利九三〇〇萬美元。

Nordstrom 以絕不向顧客說「NO」而聞名。這家百貨公司完善的顧客服務可從下面幾個廣爲流傳的例子一探究竟：

## 案例一

某一天，一位中年婦女在 Nordstrom 買了一件衣服，隨即趕往機場。到機場之後才發現機票不翼而非。原來這位婦女因爲趕時間，不小心將機票遺忘在百貨公司，就在她不知如何是好的時候，看見 Nordstrom 服飾部女職員拿著機票趕到機場，及時地將機票交給她。

## 案例二

一位老先生前往 Nordstrom 賣場，想要把買來的輪胎退掉。但是這個輪胎並不是 Nordstrom 的貨品，而是他在其他商店購買的。以客爲尊的 Nordstrom 店員卻二話不說，把輪胎的錢退給老先生。

## 案例三

百貨公司折扣結束的翌日，一位婦人前往 Nordstrom 購買褲子。這位婦人不知道當天已經沒有折扣，而想要購買她曾經留意過的某高級品牌的褲子。可惜合適的尺寸已經銷售一空，銷售員也試著聯繫百貨公司內其他賣場是否還有這位婦人要的產品，遺憾的是 Nordstrom 內已無存貨。後來銷售員總算在對面的百貨公司找到相同產品，並以定價買下，再以折扣價轉賣給這位婦人。

## 案例四

某個冬天，一位衣衫襤褸的女流浪漢進入 Nordstrom。百貨公司內瀰漫著隱約的香味，並播放著輕柔的鋼琴旋律。她從百貨公司的一樓上到二樓。其間誰也沒敢攔阻她。她走進二樓某家洋裝店試穿她看中的一件洋裝，並且請銷售員讓她暫時保管這件衣服——當然是不支付任何費用的。她告訴銷售員她將在兩三個小時之內回來。

從第一個案例可以輕易看出 Nordstrom 百貨公司銷售員對於顧客服務的用心。

但是 Nordstrom 銷售員怎麼能離開賣場，然後趕到機場去送機票呢？原來 Nordstrom 有一套上班規則。

「在任何情況下都由自己下最爲有利的判斷，此外別無其他規定。」指的就是將決定判斷權，直接交付給賣場職員。

負責賣場的每一位職員都被賦予最大的權限去處理突發狀況。因此職員只需憑著信念努力工作即可。

這與李健熙董事長授權新羅飯店的服務人員，可視情況決定提供給老顧客一杯免費咖啡、還是招待免費餐點是出自於同樣的經營理念。

然而銷售員怎麼可以就將賣場空著，而自己跑到機場？實際的情形是：Nordstrom 的幹部每天會在賣場進行巡視，隨時詢問銷售員有無需要協助的事項。這位送機票到機場的銷售員立即與幹部聯繫，請幹部暫代自己的工作崗位。

案例二是支付給老先生輪胎價錢的例子。這位賣場銷售員所付出的輪胎價格是「宣傳費」。

顧客本身明知自己不是在 Nordstrom 購買輪胎，卻還是向 Nordstrom 要求退貨，這位顧客對於 Nordstrom 的處理方式一定畢生難忘。

Nordstrom 銷售員帶給這位顧客的好印象，之後從這位顧客口中自然會爲 Nordstrom 廣爲宣傳。因此這位銷售員才會將這筆支出稱爲「宣傳費」。

案例三中的這位婦人，想必也會對這位替她跑腿的銷售員感銘五內。也因此這位銷售員無疑也爲公司爭取到一位忠實的客戶。

案例四的銷售員說了以下的話：「我的工作是提供給每一位上門的顧客最親切的服務，至於顧客的身份地位爲何，並不會影響我的態度。」

Nordstrom 是一家有百年歷史的百貨公司。

Nordstrom 的顧客服務精神也是來自於企業創始人 Nordstrom。Nordstrcm 移民到美國，曾經做過鐵路工、伐木工、礦工等行業，後來憑著勤勉的性格白手創業。

一九〇一年他開了一家鞋店，大賺一筆。之後這家鞋店逐漸發展爲現今的 Nordstrom 百貨公司。

Nordstrom 安排他的子孫在百貨公司鞋子賣場工作。這是爲了教導他們在顧客面前的「屈膝法」。而這也正是今日 Nordstrom 顧客服務的精神起源。

一七五五年創立的瑞士鐘錶公司 Vacheron Constantin，所製造的產品是瑞士鐘錶當中價格最高的名牌商品。拿破崙最珍藏的物品其中之一，就有 Vacheron Constantin 所製造的鐘錶。Vacheron Constantin 鐘錶全都是手工製造，並謹守年產量不超過一萬的原則。

這家公司的特徵之一，就是最少一百年以上的售後服務保證。

在鐘錶製作過程當中，也會同時製造未來售後服務將會使用到的相關零件，而這些零件的保存期限最長可達兩百年。當然 Vacheron Constantin 的鐘錶原本就屬於非普遍性的高級商品，正因如此，他們才能夠將售後服務做到這種程度。無論如何，Vacheron Constantin 的售後服務精神的確值得學習。這也是瑞士鐘錶會受到全球一致肯定的原因。

瑞士全國人口不過六百萬，當地終年白雪飄覆，但卻能成爲世界第一高所得的國家，他們所仰賴的就是信用二字。

在琉森有一個「瀕死的獅子」的傳說。數十個窗邊掛著氣喘吁吁瀕死的獅子像。代表著爲守護布邦皇室（House of Bourbon）而死於民兵窗下的瑞士勇士。

這些勇士是爲了守護布邦皇室，而與民兵對峙。當時守護布邦皇室的衛士並不只有瑞士人而已，還包括了其他國籍的衛兵。但是當民兵攻入王城之際，除了瑞士籍的勇士之外，其他衛兵均已逃逸無蹤。

然而誓死固守皇宮的一五〇名瑞士勇士，終究敵不過民兵的進攻，最後全軍覆沒。

這些勇士拼死守護的是什麼呢？

他們守護的不是布邦皇室，而是他們的信用。即使是失去自己的生命，也要守護著瑞士人的承諾與信用。在瑞士只要憑藉信用就能通行無阻。

美國惠普（ＨＰ）是三星學習生產作業管理的對象。

惠普是由比爾・惠列特（Bill Hewlett）與大衛・派克（David Packard）在一九三九年美國矽谷創設的公司。他們在雷射、噴墨印表機、測量機器、病患用監視器系統等醫療機器以及LED Lamp等領域均位居世界第一，在ＰＣ業界則位居世界第三。

惠普之所以能夠成爲世界級企業的原因之一，就是憑藉其優異的生產作業管理系統。惠普的生產作業管理系統又被稱爲「產品資料管理」(PDM: product data management)。

ＰＤＭ系統指的是開發新產品或修正現有產品時，一套專責管理組織內所有相關情報資訊的系統。換句話說，從產品零件的所有資訊，到產品的結構、文件、ＣＡＤ檔案、許可文件等，與產品生產相關工程的所有資訊，以及管理這些資訊的情報資訊等，都含括在ＰＤＭ系統當中。

ＰＤＭ是保存產品資訊情報的安全儲藏所。在產品開發過程中，記錄並追蹤產品相關資訊的搜尋過程。在處理過程中，負責控制、傳遞與監控資訊間流向的資訊管理。以及對上述過程所蒐集到的所有資訊情報進行管理。

目前，PDM的概念仍在持續發展中。PDM的功能是透過綜合資訊管理系統，在開發新產品的階段，於最合適的時機，提供從環境到製作過程所需的一切必要資訊。

一九九四年，當PDM系統尚未引進韓國國內，三星在就已經將HP的這個系統當作是標竿學習的對象。

行銷方面的標竿學習對象則是微軟，以及美國服飾店——The Limited 等公司。

The Limited 是美國第一的服飾連鎖店，也是世界最大的服裝零售企業，其主要產品爲女性服飾，此外也包括兒童和男性服飾。

一九六三年，當時年僅二十七歲的韋斯納（Lesley Wexner）向他嬸嬸借來五千美元，在俄亥俄州的哥倫比亞市開設以十幾歲年輕女性爲對象的服飾店，這家服飾店就是 The Limited 的前身。

雖然這家服飾店當時只是一家不起眼的小店鋪，但在韋斯納的優異經營下，七〇～八〇年代間公司獲得高度成長，之後成爲世界最大的流行服飾連鎖商店。一九九五年更達成如下營運規模：擁有十三個相關企業、四六二三個連鎖店面以及七十二億美元的銷售金額。The Limited 高速成長的祕訣在於其組織管理與培訓體系中標準化、單純化，以及差別化的行動基準。

最先創造這種行動標準手冊的是美國漢堡連鎖店—麥當勞（McDonald's）。

麥當勞雖然在全世界一百二十個國家，擁有多達二九〇〇〇家連鎖店，但是各連鎖店的口味幾乎完全相同。因爲麥當勞已針對這多達二九〇〇〇家漢堡連鎖店的口味，以及經營方式、服務內容等建立一套標準的作業流程。

爲此，麥當勞製作了多達六百多頁的作業指導手冊，從設備、製造、衛生、經營，到打招呼的方法、說話的技巧、打掃的方式等都詳細地加以規定。

這就是麥當勞所建立的「連鎖商店經營」指導方針。

The Limited 以及麥當勞更進一步地擴充作業手冊的服務階段：在產品測試制度、具備各種特色的企畫方向、節約產品的運送時間、更有效率的物流體系等系統建立之後，開發出銷售與訂單幾乎可以同時完成的體系。

之所以會有這套系統的出現，主要是著眼於如何提供顧客更好的服務。這套完善服務系統的建置，爲的就是讓顧客看了宣傳廣告，來到賣場之後，每次都能很輕易地購買到所需要的任何商品。

The Limited 的顧客只要來過賣場一次，電腦系統就會將顧客服裝的尺寸、喜愛的顏色、偏好的式樣等鍵入檔案，當顧客下次再來，就能直接提供最符合需求的商品服務。

The Limited 的「連鎖商店經營」作業手冊是爲了提供給顧客更多、更好的服務。因此才能成爲全球第一的服裝連鎖集團，二〇〇〇年銷售金額一〇一億美元，淨利高達三億九〇〇〇萬美元。

在新產品開發方面，三星標竿學習的對象是摩托羅拉以及3M。

一九六九年，當太空人阿姆斯壯（Neil Armstrong）首次完成人類踏上月球的創舉。他從月球傳回地球的訊息是：

「這雖然只是我的一小步、卻是全人類的一大步。」

當時阿姆斯壯傳送訊息所使用的無線對講機正是摩托羅拉的產品。摩托羅拉前身是一九二八年蓋文（Paul Galvin）以資本額五六五美金，與五名從業人員於芝加哥共同創設的 Paul Galvin 製作公司。

之後摩托羅拉於一九三〇年代生產汽車用收音機，二次世界大戰中開發出攜帶用小型無線收發報機、手提無線電話機，幫助聯軍在大戰中取得致勝關鍵。

自此之後，摩托羅拉在半導體及太空通訊設備的開發中保持領先的地位。最近也投入行動電話、半導體、太空通訊、無線通訊等生產通訊製品的世界性企業領域中。

現今，摩托羅拉在以韓國爲首的全球二十一個國家設有生產基地，是從業人員多達十四萬名的跨國企業。

摩托羅拉的歷史就是一部發明史。

一九七一年曾信誓旦旦說要製造出人類歷史上第一支行動電話的摩托羅拉，果真在那兩年之後，發表了今日行動電話的原型。

接著，他們又於一九七七年率先開發出後來成爲行動電話標準的內建終端微處理器，並陸續開發出一九八一年的免持聽筒汽車電話、一九八九年個人用行動電話，以及一九九九年的CDMA技術。

前奇異董事長威爾契（Jack Welch）曾經提出著名的「六標準差」（Six Sigma）經營技法，那其實是摩托羅拉從一九八一年開始，持續五年時間的研究成果，在一九八七年，六標準差經營技法（不良率在一百萬分之三～四）就已經正式在摩托羅拉內部施行。

一九八一年，當時的摩托羅拉董事長蓋文就下令以全世界最優秀的工廠爲對象，進行標竿學習調查工作。調查結果發現，日本的品質水準遠比摩托羅拉高出一〇〇〇%。

也就是說摩托羅拉生產一百萬個產品當中，會有將近六〇〇〇個不良品；而日本的情況卻只有摩托羅拉的十分之一，只有六〇〇個不良品產生。

蓋文備感衝擊，立刻要求不僅將品質提高到十%的水準，更要大幅度地提升到一〇〇〇%的程度。因此不但有許多企圖跟上日本的企畫方案提出，同時所有部門爲了減少不必要的資源浪費，也因而開始研究各種改善方案。

這時，曾擔任過工程師的史密斯（Bill Smith）發現消費者使用後會發生故障的產品，大部分在製造時就已經有過重新設定，或是已經被修理過的事實。

史密斯分析這項事實的因果關係後得知，這些經過重新設定或修理過的產品，即使是改善了原先的缺點，產品本身卻依然存在其他的缺點或毛病。因此在消費者使用初期還是會發生許多故障。

因此，史密斯得出結論：爲了製造出無不良品質的產品，在產品製造過程中，不應有任何重新設定，或進行任何產品的修理工作。

之後，摩托羅拉爲了減少產品的不良率，在哈利（Michael Harry）的主導下，建立六標準差的實踐方案，之後開發出具體的策略與方法論。這就是六標準差的起源。

一九八七年，摩托羅拉首度實施六標準差經營方式，銷售額增加了二十三％，原先多達六〇〇〇個不良品大幅減少爲二十五個，產品的壽命也從原先不超過三年，到一九九九年增加到二十二年的使用壽命，改善幅度之大讓人大吃一驚。

品質改善後，銷售額增加四～六倍，盈餘也成長兩倍以上。生產性增加二〇五％、股票價格也上升了五・五倍，而省下的產品製作費卻高達九十億美元。

摩托羅拉如此驚人的成果表現，六標準差經營技法也開始在美國其他大企業中廣爲施行。

首先，創立出六標準差理論的哈利將理論引進美國ＡＢＢ公司。之後，哈利建立六標準差的學術性理論，這番理論也在美國GE電子等公司流傳施行，甚至IBM、新力等企業也紛紛引進六標準差理論。六標準差從此成爲各企業減少產品不良率的重要經營方法。

三星想要從摩托羅拉中學習的新產品開發方面的 Know how 爲何呢？

首先是摩托羅拉的「門戶開放政策」(opendoor policy)。

「門戶開放政策」指的是保障公司與部下、同事與同事之間毫無顧忌地提出自己的改進想法，隨時可任意進行對話的水平自由討論體系。

此外，全公司職員都可以參與並公開地討論公司的主要業務。

職員的討論意見雖然有可能會「讓船開到山上去」，但另一方面，職員也有可能提出技術人員想像不到的奇特想法，這是這項政策的主要優點。

另外，職員必須在公司的內部教育機構——摩托羅拉大學接受四十個小時以上的教育課程。教育課程的主要目標是爲了提升職員的自我開發能力，以及增強職員的業務能力。

目前韓國企業雖然也有進行在職教育，但仍可以考慮在公司內部成立大學的專屬教育機構，進行全面通盤性的教育課程開發、並有計畫地進行教育訓練。

此外，摩托羅拉當時還將每年營業額的八～十%投資在技術開發上。因此，摩托羅拉在一九九六年獲得一〇六四件專利商品，成爲美國市場中取得最多項專利的企業。

摩托羅拉爲了創新開發新產品，在研究開發上投入相當龐大的金額，也因此，摩托羅拉展現出美國第一的研究開發成果。

在這樣的努力基礎下，摩托羅拉建立了「Best in Class」（世界最高級）的企業理念。簡言之，摩托羅拉已經具備只生產世界第一、最高級產品的自信心。

3M也是開發新產品的超強企業。

一九〇二年，在美國明尼蘇達州聖保羅市，以礦產開發及砂紙製造爲前身的3M，現今已成爲知名品牌思高牌隱形膠帶（Scotch tape）的生產企業。

3M除了便利貼、筆記等事務用膠帶、廚房用保鮮膜、醫療用貼布等知名產品之外，也生產特殊底片、聽診器等其他產品。

3M產業進出全球六十幾個國家，二〇〇〇年銷售金額高達一六七億美元，從業人員達七萬五〇〇〇名。

3M以生產膠帶等低廉商品，卻能締造二〇兆元的年銷售金額。究其原因，可歸功於產品的優秀性以及新技術的開發成果。

翻開3M新技術的開發史：一九三〇發明透明膠帶、一九六七年發明最早的丟棄式口罩、一九七三年外科用X光用底片、一九八〇年便利貼、一九九四年防菌、抗霉的海綿菜瓜布、一九九六年增強PC畫面亮度的主導強化用底片等產品，3M持續著一項又一項的新技術開發。

現在3M共擁有五二五項世界專利。3M新產品開發源自於麥奈（William Mcnight）獨特的經營哲學。麥奈於一九〇三年進入3M，一九四九年成爲3M的最高領導人物。

麥奈擔任最高領導者時所提出的「3M的商業哲學」，成爲後來3M新技術保持領先的動力來源。

麥奈提出的經營哲學爲：「不要苛責與批判從業人員的失誤。嚴厲苛責從業人員的失誤將會扼殺同仁的自發性。爲了企業持續性的創新與發展，我們需要自動自發的人員」。結果一直到今日，3M對於員工的失誤均能給予寬待，並且成爲強調自發性的企業。對於努力想做得更好的員工，即便稍有疏失，公司也從不嚴苛地追究其責任。

今天，李健熙董事長同樣也強調這一點，只要員工試著做到更好、努力追求進步，對於失誤方面的責任盡量不予追究。然而3M早在五十年前就已經定下這項原則。

在購買與調整方面，三星的標竿學習對象是本田、全錄、與NCR。

NCR（Nationnal Cash Register Company）是世界最早開發出金錢登錄機的公司。由公司創辦人彼得森（John H. Peterson）創設於一八八四年俄亥俄州。NCR已有一二八年的歷史。

即使到了今日，NCR也與我們的生活密切相關。最早開發出在百貨公司或超市中使用條碼系統的就是NCR。

一九七四年六月二十六日，他們在美國俄亥俄州的瑪西（Macy）超市，推出全世界第一台金錢登錄機，後來也開發條碼系統。

NCR之後也成功開發出世界最早的電腦上線系統以及商用大量平行處理（MPP：Massively Parallel Processing）系統。也就是今日銀行員所使用的電腦終端機系統。只要一次的資料輸入動作，就能將資料傳送到數百個分店與總公司電腦系統中，這套資訊資料庫共享的系統也是由NCR公司所開發的。

現今韓國外匯銀行所使用的線上（On-line）網是NCR於一九六九年所建構的。然而這並非NCR的全部，今日的NCR在尖端科技領域中也佔有一席之地。

NCR也開始在Data warehousing（資料統計系統）、IT、咨詢服務等領域中展露頭角。NCR在資料統計系統領域中的市場佔有率第一名，商用大量平行處理系統市場占有率第一名、建構商用資料處理系統方面ATM市場領域中也是高居第一名。

二〇〇一年，NCR在全世界一三〇個國家共有一一〇〇的分店，職員人數三萬三〇〇名，總資產達四十八億美元，銷售額達五十九億美元。

三星在銷售方面的標竿學習對象公司爲IBM與P&G。

ＩＢＭ是全世界第一個電腦公司，支配全球百分之五十的電腦市場，企業範圍涵蓋一三二個國家，無疑的是一家跨國性企業。

ＩＢＭ是由賀爾瑞茲（H. Hollerith）於一九一一年在美國紐約州成立的公司。一九三三年他們開發出全球第一台電動打字機，現今在電腦與事務機器領域中，可算是首屈一指的世界第一企業。一九九九年銷售額達八七五億美元。

Ｐ＆Ｇ是以生產潘婷、維達沙宣而聞名的世界第二生活用品企業（二〇〇〇年銷售額爲八十八億美元）。一八三七年成立於美國，企業遍及全球七十三個國家、工作人員有十一萬名。主要生產產品有嬰兒用品、美髮用品、女性衛生用品、飲食類產品以及文件管理等產品。

Ｐ＆Ｇ銷售管理系統的特徵在於其品牌管理人（brand manager）制度。

品牌管理人制度指的是將Ｐ＆Ｇ的美髮用品—潘婷、沙宣、洋芋片、女性衛生用品等產品，直接交由不同部門、不同領域商品的總負責人負責行銷。

品牌管理人必須針對產品的市場、消費者的調查與分析、產品概念的開發、消費者刺激、宣傳活動、ＰＲ、價格決定、賣場推廣活動等方面，負責所有產品行銷活動的總企畫，以及產品利益與損益的責任負責人。

換句話說，Ｐ＆Ｇ將各項品牌的權限與責任全權交給專責的品牌管理人。Ｐ＆Ｇ行銷系統又有「行銷的典範學校」之稱，其在行銷領域上的知名程度可見一斑。

在物流方面，化妝品公司 Mary Kay Cosmetic（玫琳凱）與 Hershey（賀喜）是三星的標竿學習對象。

Mary Kay Cosmetic 原來是以直接登門拜訪銷售而聞名。除了 Mary Kay Cosmetic 之外，美國類似的化妝品銷售公司有 AVON（雅芳）、TRUWELLNESS，但 Mary Kay Cosmetic 保持在領先的地位。

Mary Kay Cosmetic 由直銷業務員玫琳凱（Mary Kay）女士於一九六三年所創。她們從最早的九位「Beauty 美麗諮詢」出發，一直擴展到現今全球超過七十五萬名美麗諮詢的大型企業。

如今，Mary Kay Cosmetic 在全球三十七個國家，經由這些美麗諮詢銷售販賣皮膚護理保養產品，一九九九年銷售額達二〇億美元。

當時三星以各個不同類別產業作爲標竿學習對象，並逐一加以分析研究。

會被三星選爲標竿學習對象的，主要以美國與日本的企業爲主，因爲這些企業在各方面都可算是全球數一數二的佼佼者。

若以分數來評定當時各國的技術水準——假設美國是一〇〇分，則日本是八二分，德國五二分，韓國則只有七・三分的程度。

比較美國與日本：美國在原創技術方面領先，日本在生產技術上略勝一籌。美國靠著原創技術的轉讓，每年平均增加二〇〇億美元的收入，而日本則憑藉著優異的生產技術，每年締造一〇〇〇億美元的貿易成績。

也因此，李健熙才會一一找出各領域中值得學習的企業對象，進行大規模的標竿學習。

# 5

# 「從我開始改變！」

## 除了妻兒，一切換新

三星的哲學是在最小的數量中，
也要達到最好的品質，提高三星的產品形象，
爲了消費者、爲了營業員、爲了協力廠商，
一定要進行以品質爲主的經營方式，
這樣才能創造更高的利益。
利益增加的話，公司才能擴大規模。

## 生產線暫停制

三星在歷經LA、東京以及法蘭克福會議之後，開始針對公司體質進行改革。

首先是發表具體的實踐方案：「爲了達成產品不良率低於日本，並追求世界第一的品質等兩個目標，三星首先要致力於質的提升」。

這項決議之外，三星電子也於一九九三年六月，持續四天停止水原工廠洗衣機的生產線，並針對零件與產品的規格不合等情事加以調查。接著以彩色電視機、VTR、錄放影機、微波爐等產品爲對象，一一實施產品不良率調查工作。

結果彩色電視與VTR即使有不良品產生，也有二五〇億元以上的營收。因此，不良率降低將有助於提高利益。唯有將品質提升到與日本同級，才能創造出最高的利潤。

爲了達成這個目標，他們採取的策略是：一旦產品品質發生問題，將立即停止生產、出貨以及銷售，直到品質改善之後，才再啓動原先的生產作業。

爲落實品質改善的目標，因此才有「生產線暫停制」的因應方案。所謂「生產線暫停制」是一種排除不良品發生的生產管理方式。生產過程當中，只要發現任何問題，就立即終止生產，直到排除不良品的發生，同時排除造成不良品產生的因素後，再重新啓動生產線作業。

雖然這種生產管理方式現在已經十分普及，但在當時可說是劃時代的新型生產管理方式。日本豐田汽車也曾引進這種生產管理方式，並獲得不錯的成果。

三星之所以引進這種生產管理方式，主要是爲了製造出最完美的產品。因此在「重質的經營」，以產品品質決一勝負的想法下，才會在生產管理中引進「生產線暫停制」。

過去在生產現場中有個不成文的規定，那就是「不論發生什麼事情，也不能終止生產線」，新的經營方式則打破了過去的不成文規定。

三星電子引進這套革新系統之後，史無前例的面臨業績零成長，以及銷售減少的憂慮；但卻因此成功地改變原先的思考方式，只要發生任何問題，立即停止生產線運作，即使花上好幾天的時間，也要把導致問題發生的原因給徹底排除。

管理人員從原先坐在辦公桌前計算產品數量、金額多少的數字管理系統中，改變成必須直接走進生產作業現場，親自掌握實際作業上的問題，並且接受爲期六個月的作業生產相關教育。

但是三星這個龐大組織的問題，不會因此就能獲得根本解決的。因此必須從最根本的想法開始改變起。

李健熙董事長爲了喚醒三星職員長久以來陶醉於韓國第一的驕傲心態。只要一有機會，就會希望讓職員對他的「重質的經營」投入更多的關心與瞭解。

一九九三年八月六日，李健熙與祕書室一三〇名職員的懇談會中，提出：「以最低經費製造出最好產品的一流企業」以及「當先進國家已經進展到以多品種、少量、多樣化、高機能的企業方向時，我們卻還鎖在以數量多寡爲主的思考方式中」等以質爲重的觀念。

然而改變正漸漸地顯現出成果來。三星重工業提出五項具體「質的經營」實踐方案，並進入施行的階段：

・每週舉行失敗的事例發表會。
・三階段的協議決定。
・週日習得一技之長。
・立即聆聽對方的意見。
・拆除部屬之間的藩籬。

失敗事例發表會的想法是基於「失敗若經由公開檢討與追蹤，也可以成爲公司資產」的思考下，以機械、造船、重型設備、建設等不同事業類別，從一週一次進展到一個月一次，由各負責人員公開工作失敗的內容與經驗。

在這之前，三星集團內部職員還存有「儘可能隱瞞工作的失敗」的想法，現在要職員公開承認自己的失敗，光是這一點，就是相當大的突破。

「三階段的協議決定」指的是原先的提案一直到最終的決定，必須經過平均九個以上、包含協議書的話至少需要十二個以上的簽署才能完成；而將原先的繁瑣手續簡化成只需經過提案、審查、決議等三個階段的簡便程序。

也就是說，提案負責人與課長提案之後，經由部長、理事、本部長聯合審查，最後由代表理事完成最終的決定程序。將原先的程序簡化成三階段，大幅度地簡化作業程序以及時間。

在大力推行「質的經營」理念之下，三星關係企業間也孕育了一股革新的風潮，而協力廠商也不得不趕緊跟上三星改革的腳步。理由是，爲成爲三星的事業伙伴，也必須具備能製造出讓三星降低不良率的零件才行。

因此，三星的協力廠商開始自發性的進行品質革新運動。於是作業現場的問題在嚴密的控制下逐漸獲得改善。在實施徹底的事前品質管理之下，甚至挑選出不良的零件予以退貨。以VTR的情況來說，實施生產線暫停制一年之後，不良率由原先的十一・〇％降低爲七・〇％。

## 實施七—四制度

爲了徹底的改變三星，李健熙實施大幅度的改革。其中一項就是「七—四制度」所謂的七—四制度指的就是上午七點上班、下午四點下班的工作體制。

李健熙將過去大部分的韓國企業上下班時間—上午九點上班、下午六點或七點下班的工作時間，提前兩個小時。然而七—四制度的眞正含意並不是將上下班時間提前兩個小時。一般人將上午九點上班、下午六點下班的工作時間視爲理所當然，針對這一點卻從沒有人檢討過這項制度。最早實施工作八小時工作制度的人是德國的博世（Rovert August Bosch, 1861~1942）。

現在德國的博世是汽車零組件、電動工具、自動化技術以及包裝機器等領域的世界級企業。近日來博世與德國最大的家電競爭對手—西門子（Siemens）合資，開始進軍家電製品與冷暖氣設備事業。二〇〇一年博世銷售金額達三四〇億歐元（相當於三十九兆五〇〇〇億韓圜）。

一天工作八小時的制度是博世公司的創立人博世於一九〇六年首先引進企業的。

在那之前的產業社會習慣採日出而做、日落而息的工作方式。

當時博世創設上班八小時、所有人員一同九點上班、一同五點下班的體制。博世提出的上班八小時與「九—五系統」工作制度在全世界廣爲流傳。全世界的企業爭先恐後地採用這套工作制度。將近九十年的時間，「九—五」工作制度成爲全世界工作職場的共通規則。而打破這項規則的人正是三星的李健熙董事長。

三星引用的「七—四制度」不論是韓國或是全球企業看來都是不可思議的。甚至可說是劃時代的舉動。截至目前爲止，對於一直把三星當成模範的其他企業而言，這項措施也造成極大的衝擊。

李健熙當時爲何執意引進這項工作制度呢？讓職員下班後可以從事運動、語言進修，或是社團活動，以及避開上下班交通尖峰，有效地節省時間。

此外，還有一個目的是爲了要徹底改變既存的觀念。由上下班時間的改變當作是全公司進行改變的開始。同時也讓員工從改變上下班時間開始，接著改變自我。

在那之前，韓國上班族普遍的現象是在下午六點或七點下班之後，三五成群地去酒館喝點小酒，不然就是聚餐之後回家。

想要進修英文或日文的，都因爲太晚下班往往來不及參加補習班的課程。即使想要自我成長、充實自身能力，但常常因爲時間不夠而無法如願。

李健熙看到了這個現象。也發現確實有改變公司制度的必要性。三星實施「七—四制度」之後，同時宣布員工參加外語課程的學費將由公司補助一半。此外，也一一開設地域專家制度、三星 Techno MBA、二十一世紀領導課程、二十一世紀CEO課程等不同職級需求的教育課程。

「七—四制度」一開始引起相當大的反彈。

原本三星的上班時間是從上午八點三十分到下午五點。在李健熙董事長指示下，將上班時間挪前，改爲上午七點到下午四點。但是在施行之初，還是發生有許多關係企業上班時間提早爲七點，但是下班時間仍爲五點的情況。

一時無法改變長久以來的上班習慣，再加上新的上班時間與當時韓國人的生活作息不同，有些人就以報加班費的方式繼續上班到五點。

李健熙董事長得知以後勃然大怒。因爲這些員工不但無視於推行七—四制度原本的用意，且關係企業的社長等人還無視於董事長指示的存在。下午四點下班的話，還可以安排參加外語學習課程，或從事開發自我能力的休閒活動，如果還是等到下午五點下班的話，就失去了意義。

最後在李健熙的強力敦促下，三星員工下班時間才從原來的下午五點提前到下午四點。

由此可以清楚看到三星長久以來的積習。李健熙曾指出：「過去的慣例讓三星病入膏肓」。七—四制度在三星開始推行之後，原先對這一項改革不以爲意的其他企業，在認知到該措施的優點後，也陸續開始跟進。

浦項鋼鐵的上下班時間由上午九點改成七點，保寧製藥也從原先的九點上班、六點下班，改成八點上班、五點下班。

此外、ＫＩＡ集團、曉星集團、漢一集團、雙龍、大宇、朝興銀行、大韓教育保險，與國生命等組織，也改變了原先的上下班制度。七—四制度在韓國企業文化中，掀起一股經營革命的新風潮。

三星集團的該項新制，倒底產生什麼樣的效果呢？

針對集團內四一一名職員所進行的調查結果發現：在新制實施後，職員前往工作現場巡視花去最多時間。職員前往工廠平均一天花上一小時三十二分（二十一．七％）、查詢檢討文件或資料花一小時十三分（十五．五％）、獨自處理業務花一小時九分（十四．四％）、參加會議時間一小時八分鐘（十四．一％）。

這與美國麥肯錫顧問公司所提出之「奇怪的時間分配」相去不遠。然而一般職員的時間管理方面都存在一些問題。

針對三一九名社員、中間幹部所進行的時間管理實際調查結果顯示：在業務效率方面，若以滿分一百分計算，三星人員的成績不過六十五分。並不如預期那樣提升工作效率。換句話說，工作時間的改變並沒有讓工作變得更有效率。

新制的根本目的即在於提升業務處理效率，以及促進提高公司的人力資質。換句言之，實施新制之後，主要著重於下班後的人力開發上。然而推行新制的成果並不如預期，於是三星試圖尋找其他的對策。三星的優點之一就是在問題發生的時候，能立即提出因應的改善對策。

緊接著，李健熙又發表驚人的言論：

「除了妻兒，一切換新！」

對於已經習慣的事情，要試著從完全不同的角度去看待，從想法開始改變。要達到完全改變的目的，就要從改變自己開始做起。

而這就是「由我開始改變！」

「由我開始改變」在公司內掀起風潮。

一開始雖然還不適應新的上下班時間，但經過一段時間的適應之後，也逐漸習慣了新的作息，而且在非尖峰時段上下班所獲得的時間、心情的愉快與輕鬆，職員們也逐漸體會到上下班新制的魅力所在。

上下班新制帶給社員無形的資產中，最重要的就是「我也可以辦得到」。

原先認爲爲配合新制要一大早起床是很困難的事，但實際執行後才發現並不如想像中困難；而且開始期待每天下午四點之後屬於自己的時間。

公司內部的氣氛爲此煥然一新：除了自由發言之外，主管也將業務裁量權大幅地授權給屬下。

公司、組織以及人事制度上獲得改善，並將原先以數量作爲業績考量的標準，改變成以質爲主的經營作爲社員的評核基準。

一九九八年七月之後，在一部分公司職員的反抗下，這項新制度被撤回。根據當時社內的意見調查結果，有將近八〇％的職員希望回復原先的八—五制度；而贊成七—四制度的人數不過十％。

之後二〇〇二年在公司的全盤考量下，全面廢止七—四制度；但是三星本館、結構調整本部，以及三星電子等二〇〇〇多名職員依然繼續實施這項制度。

七—四制實施之後，有六十一％的職員將下班以後的時間運用在個人學習上，取得各種資格證照的人數比例增多，在業務方面除了缺失報告減少之外，會議的品質也獲得改善。總之，七—四制其實爲公司帶來許多正面的效果。

一九九三年之後實施的「由我開始改變」、「七—四制度」、「生產線暫停制」等制度，對三星所有人員進行了全面性的再教育。

另一個顯著的改變是現場實地經營。

「職員不要只坐在辦公室內，而必須到營業現場或是生產工廠實地觀察！」李健熙強調現場的重要性。董事長親身走訪美國家電製品賣場、日本東京家電製品銷售現場等，又指示幹部必須親自到現場瞭解實際狀況。

職員上午在辦公室上班，下午到現場確認實際狀況，這才有有助於實際改善問題。

原先打著領帶只坐在辦公室內的企業文化從此在三星中消失。當時三星集團爲了實施現場經營，還遴選出職員與幹部，進行爲期六個月的教育訓練。

一九九三年三星掀起了一場全新的經營，與其說是經營，倒不如說是企業文化革命。改變企業過去慣有的思考框架及方式，因而帶來全新的企業風氣。

## 傳統經驗與技術傳承的重要

青瓦是朝鮮時代工匠的名品。做成之後不容易打破，又具有保溫斷熱的特點，是十分優秀的產品。

此外，青瓦的釉色極具藝術欣賞價值，是朝鮮時代引以爲傲的作品。

然而現今韓國的建築文化中，青瓦的製作已經失傳。原因是製作青瓦的工匠不願意將技術教授給他人，於是隨著工匠的死去，青瓦的製作技術也跟著失傳。

爲了獨佔製作技術、獨善其身，卻使得技術失傳，這樣的歷史教訓實在發人深省。

李健熙董事長強調，二十一世紀企業必須將技術傳授並發展下去，因爲韓國已經因此失去許多可貴的技藝。

另一個例子是陶瓷文化。韓國陶器中，青瓷與白瓷馳名中外。

有一天，陶瓷工匠燒出了一件傑作。那是要燒過數千、數萬個陶瓷後，才有可能燒出的超級傑作。

工匠將這個傑作從窯中拿出來，看了一眼，隨即叫身旁的兒子拿來一隻大捶子。工匠拿起捶子將瓷器打破，兒子嚇了一大跳，趕緊問父親爲何要將瓷器打破？工匠父親嘆了一口氣，回答道：「這個作品是經過好幾年的時間、燒壞過無數個作品才產生的，萬一朝廷命令我燒出這種作品貢獻給國家的話，該如何是好呢？」

這個小故事反應出朝鮮時代的實際狀況。朝鮮時代對於優秀的技術不但不給予獎勵，還會強行無酬徵收好作品。這也是朝鮮時代普遍存在的現象。

反觀日本，日本對任辰倭亂時帶回日本的朝鮮陶瓷工匠極盡禮遇之能事。只要做出好的作品，日本就提供給工匠超乎想像的優渥待遇。結果日本的陶瓷文化也因此而蓬勃發展。任辰倭亂的時候，因爲戰爭而來到朝鮮的日本有田地方領主——禍島直茂就是代表性人物。

當時禍島直茂把一五六名朝鮮陶瓷工匠從朝鮮帶回日本。禍島給予這些朝鮮陶瓷工匠優渥的待遇，而他們所製作的瓷器還出口到歐洲。

一六五三年，首度經由荷蘭東印度公司將二二〇〇個瓷器運往歐洲，一六六四年禍島直茂名下所生產的四萬五〇〇〇個瓷器輸出至歐洲，因而爲他帶來一筆龐大的財富。

如今，日本的陶瓷工藝之所以能領先韓國，製造出世界一流的陶藝品，就是肇因於此。反觀朝鮮，不但賤待自己的陶瓷工匠、對於優秀的技術也不予獎勵，造成後來朝鮮青瓷與白瓷藝術生命的中斷。

技術傳承的不全，以及沒有給予適當獎勵的結果，在幾年之後就足以形成巨大的差異。新經營時代的三星認知到這個弊病。因爲三星集團內，專門技術人員不將專業技術完全傳授給後進人員，也不輕易將其技能傳授給業務承接人。

把失敗經驗記載下來，就可讓後進者免於重蹈覆轍，但並不是每個專業技術人員輕易就能做到這類技術經驗以及記錄的傳承。

今日三星愛寶樂園就是在一連串的失敗中建造而成的。成功的時候大肆慶祝，然而在失敗的時候，不妨也辦個宴會暢飲「失敗酒」，爲的是不要再重蹈覆轍。

在美國有一個「失敗博物館」。

一九九〇年美國有一位叫馬克麥（Robert Macmax）的失敗學權威專家，他在經歷四十年的研究與蒐集之後，成立了這間「失敗博物館」。裡頭收藏了一九八〇年可口可樂的失敗作品——無色可樂，以及美國、日本、澳洲等地所蒐集到將近四萬件的失敗作品。

當時李健熙也想到這一點，並具體加以落實在新經營的理念中。他編寫了三星手冊。裡頭將李健熙所想到的新經營理念一一寫出，這本手冊後來成爲三星的用語集。

## 三星用語的誕生

三星用語指的是三星內部獨創的概念，也就是三星內部人員的用語，以及其代表的概念與涵意。

首先是infra。infra一語最早在韓國使用的企業就是三星。infra一語原為infrastructure，意指社會間接資本、下部組織。然而在三星使用infra一語則另有所指。在三星使用infra一語，通常是指當在國外建造工廠時，詢問是否已經具備下列條件：

・港口與工廠的距離是否相近？
・國際機場，甚至國內機場與工廠的距離是否相近？
・當地都市勞動人力的支援是否可行？
・是否能取得廉價的電力供給？
・工廠必要的用水量是否充足？
・與高速道路的連結性是否便利？

透過infra一語的使用方式，加強對職員用語的認識與教育訓練。近年來，三星又將原先

infra 的概念加以擴展：「infra 指的某一項事業的企畫與構想，在進行企畫與構想的過程中一切必要條件的總稱。」

三星透過每天早上十分鐘的企業電台電視的放映、將三星獨特用語的概念推廣於公司職員之間，藉由每天一次的節目觀看，增強員工對三星用語的瞭解。

同時，三星也透過企業電台的宣導，將「重質的經營」、「複合化」、「鯰魚理論」、「世紀末變化」、etiquette 等用語，傳授公司職員這些用語所代表的意涵。

「複合化」指的是將三星園區內的公寓、辦公室、會議室、醫院、超商、學校、幼稚園以及托兒所等三星職員上下班以及生活上需要的所有設施，集中於同一處。

而複合化的目的是爲了節省時間。原因之一是爲了參加會議，工廠的幹部往往得要花上一兩個小時以上的時間，才能到達總公司，浪費許多時間。

如今三星正逐步實踐其複合化的計畫，位於漢城太平路的三星建築園區就是其中一例。

三星的建築園區是爲了讓職員以及幹部，在最短的時間內就能會面，以有效率地處理業務。然而在一九八〇年春季，漢城曾有大學生提出批判，高喊「太平路是三星共和國」、「漢城火車站是大宇共和國」等抗議口號。

從一九八〇年代開始推行的三星「複合化」計畫，一直到一九九四年左右，確定以太平路一帶的三星城（Samsung Town）、漢城逸院洞（現在的三星 Human Center 以及三星醫療院）、京畿道水原市八達區梅灘洞一帶（三星電子區），以及龍仁（愛寶樂園一帶）等地區爲實施對象區域。

此外，複合化的概念中也含括了「建築物的複合化」。也就是將建築物建造成一個小型的都市；在同一棟建築物的設計當中，也同時包含工作之外的生活、文化設施等概念。這一項概念也可擴展爲工廠的複合化、銷售的複合化、社會的複合化等更廣泛的領域之中。

三星複合化的概念不僅只在韓國之內推行、也落實在三星的國外據點：日本總公司、歐洲總公司、東南亞總公司等海外據點，也分別實踐複合化的觀念，將工廠與辦公室集中於一地，形成複合式的三星園區。

「鯰魚理論」指的是要想讓田裡的泥鰍養得好，只要放進一隻鯰魚，泥鰍就會長得更好、更健康。因爲泥鰍害怕鯰魚，泥鰍自然會靈活閃躲鯰魚的攻擊。適當的壓力反而會帶給職員以及企業更多的活力。

「世紀末變化」理論，指的是縱觀人類歷史，在每個世紀末通常會產生巨大的變化，而二十一世紀末正是一個創造性技術與激烈競爭的時代。

世紀末變化理論的核心是，相較於過去五千年間的變化，近一百年有著更大幅度的改變；而相較於過去一百年的改變、近五～十年又有更劇烈的變化。

在電腦與半導體劃時代的發展下，帶來網際網路，並邁入一個又稱爲第三絲路的時代，而未來流通的資訊以及產業的發展規模，是難以想像及預測的。

etiquette是李健熙董事長從他興趣之一的高爾夫球當中領略出人性應該具有的道德與禮儀，進而引伸爲企業文化創造等意涵。

因此，三星創造出數百個以上的獨特用語，導致有「三星用語集」的發行。後來三星還編輯出版「三星教戰手冊」以及「改革的三三戒律」。

## 三星教戰手冊

如果要從韓國企業當中選出一個最有禮貌的企業，一定非三星莫屬。三星的職員從電話的應答、到接待來訪賓客的姿勢、交換名片的手勢等各方面，都領先於韓國其他企業。這些東方式禮節，以及標準化程序其實是沿襲自日本的企業精神。

在日本企業，新進社員一律得接受爲期六個月的集中式業務禮節訓練。內容包括電話應答要領、練習名片交換的手勢，以及外賓來訪的接待禮儀等。

教戰手冊甚至還明文規定，與貿易商面對面交談的時候，必須將自己的視線固定在對方的右肩。理由是如果和對方正眼相對，將會給對方帶來壓力。

李健熙董事長因爲曾留學日本，所以比任何人都還要淸楚日本社會滿足顧客的服務精神。追求顧客滿足的服務精神，可說是讓日本產業稱霸全球的原動力之一。

日本知名的百貨公司─三越（日帝時代，韓國的新世界百貨公司即爲三越百貨公司的韓國分店）的社訓即是「永遠以人爲出發點」。三越百貨公司的精神指的是：以人爲本、以服務顧客爲優先考量。而這正是韓國企業與日本企業的文化差異所在。

日本企業交換名片的時候，一定要用雙手先遞出自己的名片，告訴對方自己的姓名與職稱，然後才用雙手恭敬地接回對方的名片，然後說「原來是某某先生」。

相較之下，韓國的企業對這些細節就沒有明確的規定，一般只要做到大概可以的程度就含混過去。李健熙的 etiquette 指的就是這方面的訓練，讓職員記住所有服務該有的禮節與規矩。一九九三年李健熙所提倡的 etiquette 理論，成功地塑造三星全新的企業文化。

當時除了倡導新經營之外，也提倡新的三星文化。李健熙還親自參與公司員工的教育課程，也直接提出許多建言。比如說「知行合一的三十三項訓示」，也就是三星職員必知必行的三十三項戒令，部分內容如下：

## 三十三項改革的 BEST 10

一、充分授權現場的負責人員與營業員，讓他們可以提供眞正的服務。

比如提供老顧客免費的餐點或飲料，或是當營業員不小心冒犯到客人的時候，授權現場負責人員可以提供賠償金，或免費提供餐點當作賠罪的處理方式。

訓練現場營業員一聽到客人有任何不滿或建議時，就立刻回報總部的習慣。必須建構起將現場營業員的報告，以及討論內容即時回報社長級主管的體系。

二、即使一百人當中只有一名扯後腿的人，也要將他逐出公司。如此一來，公司才能充滿活力，職員也才會幹勁十足。

三、三星的哲學是在最小的數量中，也要達到最好的品質，提高三星的產品形象，爲了消費者、爲了營業員、爲了協力廠商，一定要進行以品質爲主的經營方式，這樣我們才能創造更高的利益。利益增加的話、公司才能擴大規模。然而現在反而忽略了根本，就盲目投資，投資需要沈著。因此我們必須改變「上意下達」的經營方式。

四、顧客是我們賴以維生的一切，然而我們眞的重視顧客嗎？是否眞的在乎顧客的需求？大家的焦點應該是放在顧客身上，而不是在我身上。時時注意顧客的一切才是眞正的顧客至上。

五、二十一世紀是文化的時代，知識的資產將決定一個企業的價值。單純販賣商品的企業時代已成過去，現在是行銷企業哲學與文化的時代。設計與創造力將成爲企業最重要的資產，也將是未來二十一世紀企業經營的致勝關鍵。

六、仔細看看我們的集團。重工業是十八～十九世紀的事業，而我們還在進行當中。雖然稱爲「Single 的三星」，但是我們走向 Single 的路上，各相關企業之間的差異過大，也因此能不要的就不要、能減少的就減少、能合併的就合併、之後大家要準備好以同一個想法、同一個力量朝未來前進。

七、必須實施全員的教育訓練。在二～三世紀之前，要靠十萬～二十萬人才能養活郡主或是王族，而現在只要一名人才就能養活十萬～二十萬人。只要人才開發出一套軟體，一年能輕鬆地賺進數十億美元，相當於數十個人的工作所得。

八、危機總是在最自滿的時候找上門。沒有進步就是因爲太過於自信，就是退步的開始。

九、從我開始改變。所有的改變都從自身開始做起。如果不能從自己開始改變，那一切都不可能有所改變。即便只有自己改變，而別人都不改變，也要勇敢地去接受改變！

十、政治人物透過選舉得知選民對他們的滿意程度；而企業人士則是每天在市場接受消費者的判決。因此顧客滿足與否不僅是「做了就可以的事情」，而是「不做不行的事情」。更要將那些棘手、難纏的顧客，當作是幫助瞭解我們未及之處的恩師。

## 一九九三年最大規模的人事異動

一九九三年三星集團從理事到副總經理級，一共晉升二六〇人、調任三十四人，成爲三星集團創業以來最大規模、影響人數高達二九九名的人事異動。

相較於一九九二年晉升十五名副總經理、二十四名專務、四十三名常務、六十四名理事，總計二四七名的人事異動，一九九三年人事異動的人數還多出了五十幾位。

三星集團於一九九三年所實施的大規模人事異動，目的是爲了實踐以品質爲主的新經營理念所設下的人事部署。爲了在組織內擴散改革風氣，並提升組織士氣，所以才進行了這次大規模的人事異動。

獲得晉升的二六五名人員當中，二十四名直接被晉升到原本還需工作兩年才能到達的位階。特別值得注意的是——晉升人員的平均年齡大幅下降。

這次人事異動的另一個特徵是管理階層人員的交替與衰退。

負責經營各關係企業的管理人員，由過去的專務級的職等大幅度地縮減至理事級，而管理人員的晉升也受到大幅度的限制。

相較之下，擁有豐富海外業務經驗的人員、或是在技術部門中具有相當能力者，則受到晉升與提拔。

這是向「慣例的三星」的一種試探與挑戰。因爲這樣的人事異動與李秉喆董事長時代是迥然不同的。

李健熙董事長在一九九三年初就再三強調「慣例會毀掉三星」，並且提出改革的必要性。

此外，將三星綜合建設的總經理任命爲新的祕書室長，將祕書室的人員由原先的二〇〇名縮減爲一〇〇名。

這次的祕書室人事縮減，與在李秉喆董事長時代，祕書室每年增加人員的情況形成強烈對比。

不僅如此，祕書室由原先的五個經營小組縮減爲兩個；祕書室小組數由十一個小組縮編成八個小組；此外、祕書室團隊成員的職級也從過去的專務級改成理事級。

取而代之的是組成負責促進解決三星集團主要專案的新經營團隊，主要由總經理級人員組成，同時也負責整個集團的營運會議。

## 開放傳眞

這期間另外值得一提的是「新聞稿」。爲更直接瞭解現場的問題，以及聽取員工不滿的聲音，因而開放三星相關企業總經理級與會長級主管的二十四小時傳眞專線。

李健熙董事長家中的傳眞電話也開放對話。傳眞開放的對象除了三星集團所有職員之外，還包括下游廠商以及代理公司等等。

收到的傳眞內容包括：針對工廠問題提出的改善建議、新的構想與提案、檢舉協力廠商或代理公司不公正的案件等，所有對公司不滿的意見，或抗議檢舉的聲音都可以藉由傳眞送達主管。

如此一來，公司任何一個人都可以直接向上級反應自己的想法；而公司也不可能草率且毫無誠意地應付從工廠現場所提出的任何建議。

因此除了一掃公司內部不公正的腐敗現象之外，以前因缺乏管道，而被阻斷的民怨以及意見，現在都可以經過傳眞，眞正地做到「下意上達」。

而三星的這項改革措施，可以確實地掌握到工作現場的每一個聲音，這項傳眞制度，也迅速地在各大企業間流傳起來。

鮮京企業的「社內意見交流版」，就是開放管道，讓公司全體員工可以直接向鮮京集團董事長——崔鐘獻提出建議；漢拏集團也開放「意見箱」，提供給包含最遠端的工作現場人員等全體員工一個申訴意見的地方。

三洋社的「三洋意見廣場」、斗山集團的「新聞稿」系統、錦湖集團的「Telpia」、眞露集團的JCN等系統都是蒐集員工的意見通路。美源（現在的大上集團）的「顧客專線」以及Lucky金星社（現在的LG）也成立「不公正申訴中心」，以直接聽取一萬多個協力廠商的建議意見。

## 外電的反應

美國《華盛頓日報》詳細地報導李健熙「以質爲主」的經營企畫。針對這項企畫，《華盛頓日報》評論：不是經由其他外部人員，而是直接由李健熙董事長揭發三星產品的種種問題；而這項改革的對象不僅針對三星自身而已，也試圖治癒威脅到韓國未來發展的固執心態。

幾乎就在同時，LG集團也將原來考評職員的方法，由原先的以銷售爲主，改變成以品質爲主，並且宣布展開「一社一品」（一流的公司、一流的品質）運動等全新的經營方式。

另一方面，來到漢城的三菱、丸紅、住友、伊藤忠等日本九大綜合商社分店長等人，被李健熙董事長評選爲最善於經營管理的企業人才。

此外，美國《商業週刊》（*Business Week*）於一九九四年二月十八日，以「三星的革命性改革」爲題，刊載三星的專題報導：

> 清晨六點四十五分，三星集團本館已經出現上班的職員。一般人才剛剛起床的時間，三星集團十二萬名員工正陸續抵達他們的工作崗位。早起上班而且服裝自由，是在三星改革中最具實質感的變化。集團董事長李健熙主導這整個脈絡。李董事長重新調整三星投資的優先順序，修正市場行銷策略，同時期盼革新能提升三星產品的品質水準。此外，李董事長也期待三星能躋身世界前十大技術集團。三星的改革當中，最醒目的莫過於三星在記憶體、半導體領域中的發展，不僅在這個領域中躍升爲世界龍頭的地位，也因此成爲韓國最成功的企業。然而三星的家電以及其他的領域的表現則毫無起色。在李董事

長看來，三星在這些領域的表現，還無法趕上新力、美國奇異、飛利浦等主要競爭對手發展的步調。因此，李董事長對三星所有人員提出追求「除了妻兒，一切換新」的革新運動。

李董事長的經營革新工作，以最高經營團隊成員爲對象，從LA開始，一直到法蘭克福爲止，召開革新會議。李董事長與三星職員共同討論當地的競爭力、商議以質爲主的行銷。三星各地的海外會議正是具體地落實孫子「知己知彼、百戰百勝」的想法。

爲了進行三星八五〇多名最高經營團隊的改革，三星實施CEO教育課程。將這些最高經營團隊送往國內以及國外各地進行爲期三個月的教育訓練。此外，爲了讓在海外進行研修的成員，對於該國也有更深入的認識，甚至禁止成員在該國搭乘飛機。三星同時進行培訓各地區專門人員的教育課程。對於三星的改革，此時開始出現相反的評價。

有的指責三星的改革儼然成爲韓國嚴重的威脅。然而有三星在半導體事業領域成功的例子，日本的競爭業者因而不敢忽視李董事長的改革。在產品開發方面，三星的革新運動也逐漸顯露其努力經營的成果。

**就在三星的改革獲得世界性呼應的同時，三星更以「我們不會成爲第二等企業」的口號，大力地推行躋身世界一流企業的改革企畫。**

當時三星的宣傳廣告中出現電話發明家貝爾（Alexander Graham Bell）、太空人阿姆斯壯、孫基禎、飛行家林白（Charles Lindbergh）等知名歷史人物。展現三星想要成為一流企業的決心與意志。

李健熙董事長在提到有關新經營更進一步的發展目標時表示：「在奧運百米短跑項目中，第一名與第二名的差距不過〇．〇一秒。然而獲得金牌或是銀牌卻是截然不同的感覺。在世界舞台上，企業之間的競爭也會是相同的感受。」由此可見李董事長執意生產世界第一產品的強烈決心。只是，企業的發展不是單靠企業本身的自律與意志就能辦到的。還需要政府與國民的共同努力才能不斷發展。

## 新經營的成果

李健熙是從一九八七年十二月開始擔任三星董事長。

當年三星集團的營業額爲十七兆四〇〇〇億元。之後經過「第二創業」以及「新經營」的推行，到了一九九六年，三星的銷售額已達七十二兆四〇〇〇億元。營業額激增四倍以上。

李健熙的新經營十分成功。當時韓國國民生產額每年不過增加八%，而三星卻是以超過兩倍的十七．二%比例持續成長。

公司資本額也從一九八七年的六三一〇億元，成長到一九九六年的三兆六三六三億元。

足足成長六倍以上。

從業人員人數從一九八七年的十六萬名增加到一九九六年的二十六萬名，整整增加了一〇萬人次。出口額從一九八七年的十一億二五〇〇億美元增加到一九九六年的三十六億一〇〇〇億美元，成長了將近三倍。

經商利益方面，從一九八七年的二六八八億元、一九九四年的一兆六八〇〇億元、一九九五年的三兆五四〇〇億元。成長的速度也相當驚人。三星一九九五年的鉅額淨利其實主要是由三星電子部門所締造的。然而，一九九六年因世界市場半導體價格的暴跌，也造成三星集團的經商利益反降到二二六〇億元。

李健熙董事長在三星集團十年來的經營成果相當豐碩。這段期間，他大力促進了三星的創新改革。如今，三星所展現的耀眼成績，可說就是李健熙十年來改革創新的成果。

## 北京發言風波

一九九五年四月十日李健熙前往中國大陸出差。隨行的有三星電子總經理、副總經理等集團經理級主管。李健熙在中國大陸一週的停留期間，先後巡視了位於北京的三星集團總公司，以及蘇州、天津一帶的三星電子綜合園區等工廠，隨即回到北京主持「中國市場策略會議」。

截至上次李健熙董事長訪問中國的二〇〇〇年爲止，三星在中國的總投資額達四〇億美元。爲達成一〇〇億美元年銷售額，以及當地生產七〇億美元的目標，進而推動中國主要計畫（master plan）。

投資規模之大，連中國國家主席江澤民、總理李鵬也先後與李健熙舉行了會談。當考察結束時，李健熙在北京釣魚臺國賓館，接受韓國特派記者的訪問，同時也邀請記者們共進午餐。

針對李健熙董事長與中國當權者即將進行的經濟合作議題，記者們提出許多問題。李健熙發表出人意表的言論：

> 中國國家主席十分關切半導體的發展，反觀我國，連興建半導體工廠也難以取得許可，如果要取得許可，必須先經過公家單位一〇〇〇次以上的核可才行。我國的尖端產業半導體只能做到這種程度的話，那其他方面的發展都不用談了。如果這些形式上的行政規則以及權威意識不能消除的話，韓國二十一世紀的未來生計令人擔憂。
>
> 現今我國的政治力屬四流、行政力屬三流、企業能力二流。我們應該要迎頭趕上，努力達成一流政權與一流國民水準的目標。

這番言論，是李健熙有感於三星在德國興建工廠時，德國政府要求三星只要能保障從業人員的工作，就無條件提供工廠用地，並提供金額支援工廠興建。

先進國家政府對於提供就業工作的企業家，不僅積極予以協助，更提供他們最好的投資環境；反觀韓國，無論是政府政策，或是整體政治環境，無不處處限制、時時掣肘。

李健熙在一個多小時的發言中，一一披露出他的信念。一旁陪同李健熙接受訪談的三星集團人員，從李健熙的言談中感覺到發言內容的爭議性，議論紛紛的現場記者人員，也以「快報」的方式將李健熙的談話內容通報至韓國國內。

於是李健熙這番訪談內容，隨即以「韓國經濟二流、行政三流、政治四流」的標題在韓國國內大幅報導。而這就是當時衝擊韓國社會的「北京發言」主要內容。

李健熙當時的北京發言絕非偶然。而是對外發表他的眞實想法。

在北京發言之前的一年——一九九四年三月八日，李健熙於三星集團的龍仁研修院，對包括內政部長崔縣宇、全國的道知事（縣市長）、市長、郡守等三〇〇多名人員出席的聚會中，以「二十一世紀的變化方向」爲主題，進行一場專題演講。

李健熙在演講中提到「應該爲擺脫規則限制，以及民營化的國家經營模式做好一切準備」。「擺脫規則限制」的想法。當時只被當作是講義的內容，並未引起太大的注意。直到北京發言中再度提出，所引起的震盪遠超過預期。

某次金泳三總統與記者進行會談，當記者問到總統對於李健熙北京發言的看法時，金泳三總統回答：「我沒有特別去注意李健熙先生。」顯現出總統的若干不悅。

政府官僚也對於李健熙在北京的發言感到強烈不滿。

首先是國稅局針對三星集團購入李健熙董事長住家周邊不動產，是否涉及不動產投機以及是否違反相關法令進行調查，同時全面停止三星集團的所有銀行借貸。

此外，三星航空F五戰鬥機國際改良事業，也因無法獲得政府的技術承認而陷入膠著的危機，靈光電廠五～六號機建設工程在工程審查時就被除名。美國德州新成立的十五億美元規模半導體工廠興建工程也一時中斷。然而，韓國國民對於李健熙董事長的發言卻深表贊同。主要是因爲韓國國民普遍認爲韓國政治人物以及政府官員非但無法帶領國家進步發展，反而是國家進步的絆腳石。

當李健熙返回韓國的時候，無數記者爲了採訪他而來到機場。

當被問到對於北京發言的餘波盪漾有何感想時，李健熙答道：「這番言論是出於我的憂國之心。可能因爲我的表達方法還不夠成熟，因而造成社會大眾的誤解以及議論。這方面我會再改進。」但他同時也義正辭嚴地說：「身爲國家一份子，難道不能發表我個人衷心的言論嗎？」

儘管如此，韓國政府當局還是表達極度的不滿。李健熙的北京發言在三星集團祕書室的出面解釋調停下，花了近四個月時間才終於告一段落。然而，北京發言事件落幕後還不到兩年，無力保住世界市場競爭力的韓國企業，就面臨韓國史上影響層面最大的危機——IMF（國際貨幣基金）金融危機。

# 6

# 不捨不得

## IMF 危機與「拋棄吧！」經營

在連續三年 IMF 金融風暴的影響下，
三星集團的「捨棄吧！」蛻變成
因應未來的「選擇與集中」。
政府也使盡全力努力克服 IMF 的影響。
三星在這次危機當中表現不俗。
「選擇與集中」的最終成果是：
三星在二〇〇二年的股價總額
終於得以超越世界一流強敵——新力公司。

## IMF危機觸發「拋棄吧！」經營

一九九七年五月初，華爾街著名投機客——索羅斯（George Soros）帶領世界排名第一的美國量子基金（Quantum Fund）、排名第二的老虎基金（Tiger Fund），以及奧瑪伽（Omega Fund）基金等世界級避險基金管理人（Hedge Fund Manager），與花旗銀行、高盛（Goldman Sachs）等外匯自營商（Foreign Exchange Rate Dealer），同時出現在泰國泰銖攻防戰中。

這些人在泰國匯率市場中大幅購買美元，由於當時泰國匯率市場對美元採固定匯率，外資判斷購買美元將造成泰銖貶值。

泰國中央銀行爲捍衛泰銖，緊急向新加坡、香港、馬來西亞等國的中央銀行借來一二〇億美元。

然而在投機客、避險基金管理人的強力操作下，泰國政府反而損失了三億美元。但嗜錢成性的投機客卻不肯就此罷手。

光量子基金索羅斯一個人的獲利就高達一二〇億美元。投機客借來利率低的日圓，再度攻擊泰銖市場。

因此美元又再度暴漲。泰國股市在投機客的猛烈攻擊下暴跌三〇%。泰國國內利率更急升至一五〇〇%。

因此，由泰國發端的金融危機在亞洲迅速擴散，包括印尼、馬來西亞、菲律賓、台灣、韓國、日本等國都遭遇到嚴重的經濟危機。

爲何會發生ＩＭＦ金融危機，原因至今未明。馬來西亞馬哈地總理認爲亞洲的經濟危機是猶太人資本家（索羅斯是匈牙利出生的猶太人）的陰謀；有的分析還指出：亞洲的金融危機是西方資本國家爲了向即將於一九九七年七月一日回收香港的中國所提出的警告；也有人認爲美國與日本爭奪世界經濟領導權，最後將由美國獲得勝利。

一九九八～二〇〇〇年ＩＭＦ金融危機期間，韓國股價暴跌、海外投資與新計畫投資全部凍結、因資金不足而導致資金不流通的危機，最後演變成必須依靠外債的情勢。

中小企業相繼破產的消息、走投無路的企業負責人，以及失業者露宿街頭的報導，每天反覆出現在新聞媒體報導中。企業精簡的結果造成失業率大幅攀升，而景氣更是以驚人的速度消沈。三星與現代股價的市場總額暴跌二十五億美元之多，更是韓國史上未曾有過的情形。

三星的主力企業三星電子，在世界前一〇〇〇家製造產業排行中，由原先一九九六年的第七〇名大幅滑落至一三八名；原爲第一三三名的現代汽車降至第二三〇名；原二二九名的ＬＧ電子降至一九六名；原先二六九名的ＫＩＡ汽車滑落至四〇九名；韓國各大企業的名次無一倖免地紛紛大幅滑落。

此外，原先位居全世界排名前一〇〇〇名企業中的七家韓國企業受到金融風暴影響，也一一跌落至排名之外。相反地，美國企業的企業價值則是大幅增長。

比爾·蓋茲的微軟公司增加四六一億美元的資產價值，伯克夏（Berkshire Hathaway）公司的巴菲特（Warren Buffet）增加二九九億美元。

企業價值跌落的原因，是因爲韓幣對美元的大幅貶值所造成的。原先一美元可兌換八〇〇韓圜，結果跌落至一美元兌換一三〇〇到二〇〇〇韓圜的程度。韓圜貨幣價值在ＩＭＦ金融危機之後，貶了將近一半。

原先進口一個哈密瓜需要八〇〇韓幣，ＩＭＦ金融危機時則必須付出二〇〇〇韓幣。韓幣貶值影響所及不僅只有生活必需品，在能源、工業產品等各方面也無一倖免，韓國人民的生活全面性地遭受嚴重衝擊。

韓國企業的價值也相對減少了一半。利率攀升至三〇％。香港公司債券業者門前甚至湧現爲籌借資金的韓國企業人潮。

當時這些人要借的資金不是六個月或是一年的長期貸款。爲了支付明天的薪水，儘管是一天超短期的借款也得借。

但這並不是付不付薪水的問題，而是一旦傳出大企業無法支付薪水的消息，到時企業的股價勢必受到影響，持股人對企業失去信心，而拋售股票也將會對公司造成更嚴重的影響，因此無論如何，韓國企業都要四處努力去籌措資金。

IMF金融危機是韓國在韓戰過後所遭逢之最重大的經濟危機。

一九九八年一月三日，在新羅飯店舉行的三星集團新年始業式，現場氣氛相當凝重。

身爲國家經濟企業人的一份子，我卻沒有能力適時地因應今日的金融危機，我個人感到十分懊惱。在各先進國家的操控下，才會造成今日韓國經濟的窘局，然而這只是時機的問題。原先我們還沈浸在韓幣比日幣強勢的自滿當中，卻不知道我們只是在動盪世界經濟市場中的井底之蛙。現在如果再不切痛地反省，最終是無法期待重新出發的。

接著他又說道：「『絕對不會失敗』這句話，今後再也不存在了。」親自粉碎三星不敗的神話。

三星顯然面臨了前所未有的危機。因爲李健熙從來沒有在公開場合中說出像是「懊惱」、「井底之蛙」等話語。

李健熙董事長透過說出「在各先進國家的操控下，才會造成今日韓國經濟的窘局」，嘗試分析造成韓國金融危機的原因。

針對IMF金融危機發生的原因至今仍眾說紛紜。

有可能是國際匯率投資者的攻擊，或是歐美先進國家的企畫，至今仍無定案。但可以確認的是，包括韓國在內的亞洲各國經濟結構，都因此而受到重創。

另一個備受指責的是：西方各國企業並不是爲了促進亞洲的發展，才進行亞洲地區的投資；他們著眼的其實是亞洲地區的低廉生產成本。

至少對這些人而言，亞洲的發展與否並不是他們關心的重點。結果亞洲國家經歷這場金融危機，整體經濟陷入一片混亂。韓國政府因而進行大幅度的結構調整。

政府在IMF的要求下，取消對保制，並改善財務結構等。甚至要求企業總裁捐出個人資產，乃至於解散公司。

首先從減少大企業負債的比例與規模，進行財務結構的改善。一九九八年年底，當時韓國四大企業平均負債比率爲三五二％，在政府推動下，一九九九年年底已減少至一七三．九％的負債比率。

此外，負債規模也從一九九八年的一六五兆元減少到一九九九年年底的一三九兆元。

其間，韓國四大集團之一的大宇企業被要求停工。大宇集團有許多相關企業受損情形嚴重。這些相關企業大多是依賴銀行的貸款進行公司運作。

IMF金融危機之後，政府銀行的美金存款見底，而政府判斷已經無法繼續支援大宇企業，大宇因此被迫停工。

停止營運的企業不僅只有大宇集團。包含東亞建設在內的六十四家大企業也在檢核過程中，被政府判定爲不實經營。最後東亞集團被徵收並更換管理人。

同時，許多產業也進行合併。ＬＧ半導體被現代電子合併，以防止重複性投資，確保韓國市場的競爭力。ＩＭＦ金融危機也打破了三星不敗的神話。

## 三星結構調整委員會

一九九七年十一月二十一日，韓國政府宣布採行ＩＭＦ所建議的金融措施。這消息曝光後，三星的二〇多名最高階層主管集聚在漢城新羅飯店。這場聚會主要是要找出在ＩＭＦ體制下三星的存活之道。

他們花很長的時間討論如何克服ＩＭＦ金融危機所帶來的衝擊。爲找出ＩＭＦ體制下三星存活之道，因而組成「結構調整委員會」。

全體委員們在這次聚會議中已準備好辭呈，決議萬一無法克服ＩＭＦ危機的話，將立即向李健熙提出總辭。李健熙亦全面取消所有出國行程，並減少在漢南洞自家工作的時間，而是增加到三星本館二十八樓辦公室的次數。

三星集團全面進入緊急狀態。

李健熙將經營方式變成「改變吧！」，指的是將能捨棄的捨棄、能合併的加以合併。留下還有利益價值的產業，不得不清算有虧損的赤字事業。如果繼續拖著赤字事業的話，最後將拖累整個集團，帶來更多的負擔，爲了避免情況更加惡化，不得不及早做出捨棄。

李健熙捐出二二〇〇億韓圜的個人財產。提供給資金籌措困難的相關企業，以及就業對策基金（幫助失業者的救助基金）使用。

三星結構調整委員會爲了讓三星克服ＩＭＦ危機，因而持續地忙碌運作。結構調整委員每兩週聚會一次，討論難以解決的主要案件。結構調整委員會的決議事項，則交由結構調整本部李鶴洙部長負責實務上的作業。

一九九七年十一月二十六日三星集團發表以下的「經營體質革新方案」：

・組織縮減三〇％。
・一九九八年節約總費用五〇％。
・人員薪資削減十％。
・投資規模縮小三〇％。

以上爲非常態的因應措施。革新方案內容當然事先向李健熙董事長報備過。在李健熙的裁示下，決議讓三星集團進入非常態的經營狀態，並且要捨棄所有不必要的機構。

一九九八年五月一日，瑞典Volvo（富豪）汽車董事長雷夫・約翰森拜訪李健熙董事長。

表面上是想建立 Volvo 和三星的合作關係，然而事實上是想要從三星計畫出售的事業中，挑選出哪些具有較高的「事業價值」。

就自己辛辛苦苦培育出來的事業看來，這麼做對李健熙而言簡直就像是從他身上割去一塊骨頭；而對打算購併企業的 Volvo 董事長而言，則是希望能以最便宜的價錢買到最理想最划算的事業。

Volvo 雷夫・約翰森董事長對於三星的汽車、卡車、船舶用引擎、航空飛機引擎，以及相關零件事業表現出高度的興趣。結果三星將三星重工業的建設機械部門以五億美元的價格出售給 Volvo。這是三星成立六十年來，首次出售集團事業的先例。

不僅如此，三星也放棄了以下的事業：

・三星重工業的建設機械部門—賣給 Volvo。
・機械車輛事業—賣給 Clark 公司。
・三星物產流通事業—賣給 Tespo 公司。
・韓國ＨＰ的股份—由ＨＰ購回。
・三星電子的 Power Device 部門—賣給美國。
・房地產事業—賣給法國 Thomson 公司。

・航空飛機事業、發電設備、船舶用引擎部門―合併整理。
・衛星用材料、廢紙、工作機械――撤收或是分公司。
・汽車―政府預定以購併的方式處理，後來賣給雷諾汽車。

當時三星出售企業所得到的金額如下：重裝備事業部門七億二〇〇〇萬美元、半導體富川工廠售得五億美元、電子部門海外子公司售得七〇〇〇萬美元、照明機械等售得四〇〇〇萬美元。

除此之外，三星出售其他資產，售得二億七〇〇〇萬美元，也向外資借款十七億三〇〇〇萬美元。以這筆資金，三星償還二〇〇二年之前近二〇〇億美元的負債，負債比率也從三六六%計畫性地調降到一九九九年一九七%、二〇〇二年的一二四%。

過去六十年間，三星的事業領域持續地擴展。然而遭遇到IMF金融危機的衝擊，爲了集團整體的生計，不得不出售部分企業。原因是一旦公司財務結構出現問題，韓國企業也將失去足以與全球競爭的先進技術。

結構調整本部的實施步驟如下：

在縮減三〇%組織的決議下，將五十九個相關企業精簡爲四十五個，同時將職員人數從十六萬七〇〇〇名減爲十一萬三〇〇〇名，總計裁減五萬四〇〇〇名佔總數三十二%的職員。

在財務結構方面，調降高達三六六%的負債比率，高達二兆三〇〇〇億元的相互保證資金預期在一九九九年調整爲零的狀態，同時，也朝著強化各相關企業獨立經營構造的調整方向。

此外，在評估IMF金融危機短期內將不會落幕的前提下，掌握現金將是公司努力的重點。當時爲確保現金，甚至吃緊到三星電子全面收回借貸給員工的「住宅貸款」。

三星電子職員在進入公司七年之後，已婚職員購屋享有向公司借款三〇〇〇萬韓圜的福利（二〇〇〇萬韓圜無息、一〇〇〇萬韓圜年利率四%）。而這項福利也因爲IMF金融危機的影響而遭取消。

透過種種非常態的緊急因應措施，三星動員所有可能的管道，儲備了將近三兆元的現金。在IMF金融危機之後，韓國式的經營方式逐漸黯淡，取而代之的是全球性的標準化經營方式。

全球標準化的經營指的是重視企業股東、改變企業的支配結構、提高會計的透明性、以個人能力爲主要考量的人事制度、引進年俸制度，以及以股票選擇權等方式分配企業利益。

在引進人力方面，由原先隨時進用的方式，改成留住優秀社員的簽約聘用（sign on），以及獎金、額外津貼（bonus）等制度。就在結構調整工作按原計畫如火如荼進行的同時，出口目標值比起一九九七年的二一〇億美元，反而向上調整四〇%、達到二八〇億美元的預期目標值。情況越是艱困，反而將出口目標值向上提升。相反地，當時的進口總值卻從原先的一二〇億美元大幅縮減至九十五億美元。

換句話說，三星的策略是將外匯使用率提升到最高的效能。接著爲提高國內工廠的生產，而將國外工廠的開工生產減少至原先三〇~四〇%的程度。

這是爲了增加出口以及安定職員心理所實施的策略。裁撤海外工廠的多餘人力，並將海外工廠的生產率減至六〇%的程度。就在這艱困的因應過程中，三星汽車事業如燙手山芋般地於此時推出。

三星汽車推出的背景是：政府當時打算重新建構以現代與大宇兩家企業爲主的汽車產業。同時穩住韓國汽車在已呈飽和狀態的全球汽車市場中的地位。

三星汽車預定接收、合併大宇的汽車部門。然而，在李健熙發表將用他個人的二億美金資產承受三星汽車損失的計畫，三星集團的三星汽車事業最後賣給法國的雷諾汽車。

三星持續進行著危機經營。一九九八年一月，三星宣告放棄正在江南區道谷洞進行中的三星第二園區計畫。當時三星的第二園區計畫，預定興建可容納三星重工業、三星生命等部門，佔地約二萬一〇〇〇坪、樓高一〇二層的三棟超大型大樓建築園區。

三星的園區計畫爲：江北園區包含三星物產與三星生命；江南園區則是將電子、機械等製造業相關企業予以集中。

總工程預算達一兆元，但此工程也受ＩＭＦ金融危機影響而被迫終止。在企業生死存亡的關鍵時期，沒有多餘的力氣及資源再放在新興建設計畫上。再加上現金的多寡將關係到日後企業的存續，因此不可能再進行新的現金投資。

韓國是一九九八年首度實施ＩＭＦ體制，那年正值三星集團創業六十週年。一九九八年三月二十二日，李健熙取消所有慶祝活動，透過公司內的廣播，發表簡短的紀念詞：

現今的經營環境正遭遇到前所未有的困難，在負成長的環境中，遭遇到三星創業以來最大的危機。爲了公司，不惜捨棄個人的生命、財產，甚至名譽。

這是當時李健熙悲壯的紀念詞。

李健熙董事長甚至提到爲公司不惜奉獻出自己的生命，可見他把情況看得多麼嚴峻。當時三星電子在外匯投機客的攻擊下，在股市遭遇到外國人支付率超過三〇%的比率，此外關係企業還遭受到惡性公債的攻擊。

惡性投機客造成韓國企業的股價暴跌，並以最低價購入企業五十一%以上的持股比率，在轉換爲企業新主人之後，再於國際市場上將企業拋售。

當時李健熙董事長感覺到只要稍有不愼，三星的經營權很有可能就會轉到這些投機客身上。當時韓國前三十大集團總裁，向證券營業所登記的個人平均持股比率二十九・六一％。低於外國投資者三〇％的持股比率。

後來，三星集團爲了保持經營的安定性，因而發起全公司員工每人購買十股三星股票的運動，在外敵環伺的惡劣情況中，進行經營權的防禦戰。

然而情況依然十分艱困。

三星決議派遣外債協商團前往歐洲。與英國、法國、德國等與三星集團有金錢往來的銀行爲對象，進行滿期延長協商。

當時韓國企業向低利的外國銀行貸款，而從事過大的企業擴張。然而IMF金融危機後，國外的金融機關收回滿期的信貸，並以更高的利息借貸給韓國的企業。

當時三星組團前往歐洲拜會金融機關，舉行企業說明會，希望能得到援助，進行滿期信貸的研商會議；同時也與美國的銀行達成持續投資的協商。

一九九八年，三星從國外緊急借入三十五億美元的外資。韓國其他大企業的困難程度與三星不相上下。一九九八年第一季，韓國企業的銷售額減少四十七％，淨利也縮減了六十七％。

當時現代集團決定將九家相關企業公司排除於集團外；大宇中斷對一〇一個事業的投

資；ＬＧ賣出核心部門事業；ＳＫ宣布將大幅度地整理四十五個相關企業，並將只留下十個公司。

三星算是十分幸運的。由於在一九九三年開始的「新經營」所打下的基礎，三星早已完成各個部門的整頓革新作業。

三星一九九七年底高達三六六％的負債比率，不到三年的時間就已經減少爲一六六％。主要就是歸功於自一九九三年開始運作的新經營策略。

此時最大的絆腳石是汽車事業。廣受多方爭議的三星汽車事業，從一九九二年起就不斷地被檢討，在投入高達四兆元的龐大經費下，最後還是難逃出售給法國雷諾汽車的命運。

從政府的立場看來，爲了在飽和的全球汽車市場中提高韓國汽車產業的競爭力，原先計畫由大宇接掌三星的汽車產業，結果在法定管理之下，三星汽車出售給法國雷諾汽車公司。

李健熙因此還勇於負責地拿出二兆八〇〇〇億韓圜的個人財產。

當時包含《財星》雜誌在內的國外輿論，還大大地稱讚李健熙是勇於承認失敗並承擔責任的企業家。三星汽車事業背負複雜的政治官僚包袱，事實眞相至今仍難以釐清。

有人批判，三星之所以進出汽車事業，只是基於李健熙個人對汽車的熱衷，是未經過深思熟慮、滿足李健熙個人私欲的結果。這樣的言論其實是不恰當也不公正的。

三星接收起亞（ＫＩＡ）汽車，並與現代汽車共同組成兩大汽車工業事業，這些事業之所以獲得推展，主要是因爲當時韓國汽車產業還有擴充與發展的空間。

如果不是發生IMF金融危機，三星成功進出汽車事業的可能性其實很高。加上以三星優異的經營能力，大部分人都認爲攻下世界汽車市場指日可待。遺憾的是，三星終究放棄了汽車事業，李健熙董事長本人也明白表示毫不眷戀與後悔。

一九九八年，李健熙開始推動的「捨棄吧！」經營，一直維持到二〇〇一年。這段期間，三星經歷過艱辛的亞洲金融風暴，以及汽車事業的失敗，從而引導三星決議將集團力量集中在核心事業，而這也成爲三星轉向新體制經營方向的契機。

新的方向就是「選擇與集中」。集團將力量集中在表現最好的事業，並以創造最高利益的事業爲主要的發展方向。

也就是說，將集團的經營力量集中在以三星電子爲中心的電機、電子相關事業、以三星生命與三星物產爲中心的金融與貿易部門，以及愛寶樂園、新羅飯店和第一企畫等服務部門。因此，三星集團在歷經IMF金融危機後，結構調整的結果就是進入「選擇與集中」的全新經營模式。

從一九九七年集團總銷售額九十二兆元中，電子・電機部門銷售額佔二十七%的比率，增加到一九九九年佔總銷售額三十三%的一〇九兆元，證明了以電子・電機部門爲重點的經營成果。

「選擇與集中」也讓企業財務結構得以充實。

從原先一九九七年三六六％的負債比率，改善爲一九九九年底的一六六％。而「集中」的重點之一——三星電子的負債比率更是降到八十五％，因而讓三星的經營基礎更加穩固。

相關企業間的連帶保證也從一九九七年的二兆三〇〇〇億韓圜，降至幾乎爲零的程度。在連續三年IMF金融風暴的影響下，三星集團的「捨棄吧！」蛻變成因應未來的「選擇與集中」。

政府也使盡全力努力克服IMF的影響。三星在這次危機當中表現不俗。「選擇與集中」的最終成果是：三星在二〇〇二年的股價總額終於得以超越世界一流強敵——新力公司。

# 7

# 人才即是資產

## 一個天才就能養活十萬人口

在二百～三百年前，
要由十萬～二十萬人
才能養活當地郡主或是王族；
然而二十一世紀，只要有一個天才
就能養活十萬～二十萬人。
二十一世紀是人才競爭、
知識創造力的時代。

## 最輝煌的一年

二○○二年是三星綻放光芒的一年。

李健熙董事長從年初開始就十分地忙碌：

一月初發表「提升全球化競爭力」的集團經營方針；一月十五日前往美國，進行爲期一個月的考察行程。此行除參訪紐澤西美國總公司以及GE總裁傑夫、伊梅特（Jeffrey R. Immelt）、惠普公司的執行長菲奧莉娜（Carly Fiorina）之外，並與主要往來公司的最高主管進行會面。

二月新年假期期間前往美國鹽湖城，參觀冬季奧運的三星宣傳館，並親自指揮三星的運動行銷。出席國際奧運委員會及IOC總會之後返回韓國，並以資產二十五億美元被美國《富比士》雜誌選爲世界第一五七名富豪。

四月於龍仁研究院主持電子相關部門主管級會議，會中商議三星躋身世界電子業界前三大的經營策略。

五月召開金融部門主管級會議，爲了親自視察世界盃足球賽的準備情形，全家人投宿新羅飯店及濟州飯店，以直接指揮監督所有的準備工作。世界盃足球賽期間，李健熙經常前往比賽現場，爲韓國隊加油。

六月五日李健熙再次前往龍仁研究院，主持五〇位經理級主管所參加的「經理級人才戰略研討會（Workshop）」。會中李健熙提出了三大人才策略。

六月十九日出席由韓國總統邀請十大企業董事長，共同商議韓國因應世界盃足球賽對策的晚餐。

七月於三星本館召開三星與世界一流家電產品的比較分析會，休假期間閱讀了彼得·杜拉克（Peter F. Drucker）的《下一個社會》（*Managing in the Next Society*），構想未來的事業。

七月十八日成立了韓國最大規模的李健熙獎學財團（捐贈基金五〇〇〇億韓圜）。

八月二十日投宿日本大倉飯店，提出以「準備經營」爲重點的下半期經營方向。

九月十八日於漢南洞承志院，提出因應五～十年之後的準備經營，應做好前進中國等發展中國家的準備，並指示促進三星成爲世界第一的策略。

十一月初，會見HP的董事長，爲復興IT產業而商議合作方向。

十一月五日，主持三星集團主管級人力發展策略研討會，三星所有相關企業總經理出席與會。

十一月八日，前往日本進行爲期半個月的考察行程。

由這些行程看來，李健熙這一年過得十分忙碌。然而這些行程當中，他最重視的是哪一項呢？

二〇〇二年是三星集團最飛黃騰達的一年。

二〇〇二年四月紐約股票市場中，三星的股價總額首度超越新力；三星上半期的成績也寫下歷史的新高紀錄。然而李健熙董事長並沒有對這樣的成績感到滿足。

他更要求所有高階主管必須做好未來五～十年之後的因應對策。二〇〇二年是李健熙準備經營時代的起始年。他所強調的重點如下：

- 發掘未來的種子。
- 找出未來五～十年的存活事業。
- 最基本的是不要陷入以爲自己是第一的自滿當中。其實踐方法第一是要正直；第二是要做好準備；第三是減少成本；第四要密切注意消費者。
- 三星火災、三星生命等金融公司必須拋棄過份的競爭關係，捨棄不合理的行銷習慣，而以「正道」（正常管道）的方式經營。

以上又簡稱爲「尋找吧！」經營理念。

首先、找出五～十年之後企業賴以維生的事業爲何。第二點，發掘人才。

李健熙對這些主管所下達的指示，是爲了讓三星做好準備好躋身世界前三大企業。

## 「尋找吧！」

二〇〇二年七月下旬，李健熙前往日本。這次出國是出差兼休假的性質。李健熙經常往返日本韓國，主要是爲了掌握世界尖端技術的最新開發資訊，以及經濟金融方面的最新動向。

李健熙投宿大倉飯店五樓。大倉飯店雖然是位於東京港區市中心，但內部卻如同寺廟一般的寧靜。大倉飯店是日本最高級的飯店，與新羅飯店締有姊妹合作關係。

大倉飯店與三星家族有著深厚的淵源。大倉飯店五〇五號房，是李健熙的父親李秉喆生前至日本出差時經常使用的房間。而一九八三年，就是在這個房間中，李秉喆前董事長決定著手進行三星的半導體事業。

五〇五號房，或是李健熙董事長經常投宿的房間，都不是大倉飯店中最貴的。各大企業董事長偏好的房間風格都不太相似，李秉喆與李健熙都不喜歡太大或太豪華的房間，反而比較鍾情於簡潔肅靜的房間。

和李秉喆董事長一樣，李健熙經常在大倉飯店中蒐集、分析世界市場的最新情報。

李健熙之所以前往日本，主要是爲了與日本產界及學界人士會面。他也會親自前往日本秋葉原電子市場，視察最先進的日本尖端數位產品。因爲日本的數位產品居全球領先地位，三星有其必要隨時加以密切觀察。

李健熙這年夏天的日本之行，爲著幾件事情在苦惱著：

‧韓國企業果然還無法領先日本的電子企業。

‧日本企業如何看待中國市場。

‧三星需要什麼的變化，才能成爲領導全世界的企業。

經過一個月的調查與分析後，返回韓國的李健熙，再度於八月二十日召開電子、電機相關企業的高階主管級會議。

包括三星電子尹鍾龍副董事長、集團結構調整本部李鶴洙本部長、三星電子數位設備網路李潤雨總經理等人在內，一共有二十三位高階主管參與這次會議。

「沒做好準備的企業，不但沒有機會，也不會有發展的。」會議一開始，李健熙開門見山地點出關鍵，緊接著又強調：

全世界電子市場將從二〇〇二年一兆六〇〇〇億美元的規模，成長到二〇一〇年二兆六〇〇〇億美元，預計將增加一兆以上的規模，每年預期將有六‧三%的成長率。而半導體的成長速度居所有電子產業之冠，年平均成長率爲十‧七%，通訊事業成長率爲八・一％、數位媒體六・三％、電子零件四・五％、生活家電部門二・二％。

換句話說，在成長快速，以及規模日益龐大的世界市場上，三星應該儘早地做好一切準備。

而這正是李健熙所提出的「準備經營論」。

在董事長的指示下，三星的社長級高階主管開始進行調查工作。九月十八日，在漢南洞承志院再度召開會議。這次會議主要是研商在準備經營之中，前進中國及其他開發中國家的因應策略，以及如何促進三星成爲世界第一的戰略。

目前三星有七項產品名列世界第一，分別是半導體 D-RAM、半導體 S-RAM、顯示器、TFT－LCD、CDMA 行動電話、電磁爐，以及VCR等產品。

然而中國的海爾、雷翔、長虹、TCL等電子、電機優秀集團的興起，對三星也造成不小的威脅。

爲了世界第一的整體策略，記憶體、TFT－LCD 等世界第一的三星產品，必須拉開與第二名企業產品的差距，才能確保市場上的領先地位。

爲達成世界第一的計畫，決議維持大型 TFT－LCD 部門二○％以上的世界市場佔有率、透過行動電話的高級化，將原先十％的行動電話市場佔有率，提升至二○○五年的十四％、記憶體中的快閃記憶體（行動電話中使用的記憶半導體）銷售的比重由現今的十六％，擴增到二〇〇五年的三十四％、二〇一〇年的四〇％。

此外，非記憶體系統ＬＳＩ（大型積體迴路）領域、ＰＤＡ、ＳＯＣ（複合晶片）、ＬＤＩ（ＬＣＤ用驅動 Chip）等世界前三名內的三星產品，也將努力提升至世界第一的地位。

三星ＳＤＩ改變成以充電電池、ＰＤＰ、超大型映像管、ＥＬ等新 Display 事業爲核心成長重心，轉型爲尖端數位企業。

李健熙於承志院所召開爲尋求三星未來五～十年賴以維生之事業的會議後，三星在電子部門的投資額由二〇〇二年五兆元的規模，擴充二〇％增加到六兆元以上。並且計畫在二〇〇五年將三星位居世界第一的產品數，增加到三〇個以上。

三星的未來事業還不僅如此而已。三星計畫在二〇一〇年完成具備國小三～四年級智能程度的 *64 giga* 的半導體開發。將簡單的工作、雜事由三Ｄ產業的機器人取代執行。未來，機器人將成爲每個家庭的生活必需品。

對此，三星刻正積極研發中。

此外，爲配合數位網路時代的來臨，三星也將陸續開發出更新的數位機器、多樣化軟體，以及複合晶片、ＢＩＯ晶片等各種次世代半導體相關新產品。

也因此，三星電子三次元展示事業，肩負著三星未來十年的命運。三次元展示事業也將會是未來十年之內，具有長期高收益的未來性新事業。

所謂三次元展示事業，指的是能將各種影像以立體方式呈現的三D終端機。三次元展示事業的事業領域包括：TV、電腦用顯示器、行動電話液晶螢幕等領域事業。深具潛力的三次元展示事業預計將於未來的十年內，創造出數千億美元的利益。

當然日本、美國、德國等世界級電子領導業者，早已著手三次元展示事業的研究、並進行相關技術開發。最先開發出新技術產品，並搶得先機，就是致勝的關鍵。

三星電子是在最近才投入技術的開發工作。從二〇〇二年十月才眞正著手三次元事業的研究，預定每年支出一〇〇億元的開發經費。

爲確保日後的生產技術，三星預定在十年之內投資五兆元以上的資金，並且正爲大量生產擬定其他園區設備的興建計畫。

目前三星電子的經營管理是由經營支援總經理崔道錫負責，並由尹鍾龍副董事長與李健熙董事長掌管最終裁定權。

二〇〇三年三星電子的展望是：繼續發展既有產品的相關技術，以及推出三D遊戲機、廣告用大型電子看板等各種新產品。

## 發掘人才

在二〇〇～三〇〇年前，要由十萬～二十萬人才能養活當地郡主或是王族；然而二十一世紀，只要有一個天才就能養活十萬～二十萬人。二十一世紀是人才競爭、知識創造力的時代。

二〇〇二年六月五日，在龍仁研究院的創造館中，李健熙對五十多名出席「人才策略研討會」的高階主管提出以上言論。

爲使三星在五～十年之內躍升爲超級一流的企業，實在有必要及早發掘人才，並有系統地培植他們。

「就如同預期二〇〇二年三星將創造史上最佳成績一般，我們應該果敢地投資核心技術的開發，以及核心人才的培育，將三星的潛力發揮到極致。」他在會議中不斷強調人才對於企業的重要性。

不僅是三星感受到人才的重要性。世界級大企業也一致認爲人才的優劣直接影響到企業的核心競爭力，因而不吝於在人才培育方面的投資。

台灣也是相同的情況。有台灣矽谷之稱的新竹工業園區，周邊以美國比佛利山莊水準般的住宅，以及設置外國人學校等優渥的生活環境，吸引國外高級人才進駐。

最近在韓國企業之間，興起爭相延攬各國優秀人才的激烈戰爭。KIA汽車在不久之前，延攬原任職福斯汽車的外國人擔當KIA的銷售部門副董事長。

以下的幾個例子可以證明核心人才對於企業的重要性：

一九九五年，以擁有二〇〇歷史爲榮的英國投資銀行霸菱集團，因新加坡分公司期貨市場的證券經紀人尼克的不當投資，鉅額虧損八億六〇〇〇萬英鎊（十二億六〇〇〇萬美金），集團因無法負擔如此鉅額的虧損而宣告破產，最後被荷蘭ING集團以一英鎊的價格合併。

一九九六年六月日本住友銀行任職於英國分公司的職員因期貨投資的失誤，造成公司近二〇億美元的損失。一旦用人不當，造成的損害程度是難以想像的。

現今，日本陷入長期不景氣，企業國際競爭力減弱，有人歸因於日本無法貫徹優秀人才的培育所導致的結果。

雖然目前日本已對不少優秀人才進行培育，然而在培養具備全球化時代觀點，與先見眼光的人才養成方面，則面臨許多的限制。

加上日本企業組織受限於傳統的價值觀，因此不容易成功地培養出優秀的人才。關鍵在於日本的企業組織要求人才對組織的忠誠程度，更甚於新技術的開發能力。然而三星集團需要的核心人才又該是哪一種類型呢？

三星經濟研究所所提出的要點如下：

第一、主導公司未來新事業的人才。指的是能創造出前所未有的全新事業產品，創造出新產品的市場需求，並帶領產業發展的人才。

第二、主導變化與革新的人才。指的是能打破固有觀念，具備創新想法以及實踐能力的人才。微軟的比爾·蓋茲、戴爾電腦的麥克·戴爾、以及高爾夫球界的天才球員老虎伍茲等就是這一型的代表性人物。這些人雖然都未能完成大學學業，卻能在自己的領域中開拓出獨創性的事業，讓全世界刮目相看。這一類型的人都不是模範生或是資優生，而是對社會現存的秩序與關係保持懷疑態度，無視於外在的壁壘，能爲自己創造出一片天空的人物。

第三、具備透徹的價值觀及組織觀念的人才。

第四、具人性價值的人才。

要發掘具備上面四個條件的人才已經很不容易了，要將這樣的人才引進公司，那簡直比登天還要困難。培養具備核心技術能力的人才不是一天兩天就能辦到的，這些人才已經擁有相當程度的待遇以及多年的實務工作經驗。

儘管李健熙董事長在二〇〇二年八月指示要發掘優秀的人才，但還是沒有任何的成果。然而具全球視野的優異人才不是隨隨便便就會出現的。

二〇〇二年十一月五日，李健熙董事長再度召開高階主管級「人才策略研討會」。所有關係企業經理級主管都出席了這次的研討會。

李健熙對各事業經理級主管再度親自下達指示：各主管應該積極引用人才，並應該將發掘以及培育優秀的人才當作是經營者的基本任務。

在研討會中，李健熙強調未來會將經營業務五〇%的重點放在發掘核心技術人力，以及培育人才上。並且公開表明未來各經理主管的考核評價一〇〇點的點數中，其中四〇點將根據確保核心人力的程度，以及培育優秀人才的程度來作爲評量的基準。

因此，各事業經理人的肩上無不感覺到沈重的壓力。以前各事業經理主管只要負責將事業經營管理好，而現在如果不能善用優秀人才，還得面臨撤換職務的危機。

李健熙董事長更進一步地闡明自己對於人才培育的看法：

第一、應該不分國籍的唯才是用。尤其必須更積極延攬蘇俄或是東歐的基礎科學家。

第二、強化現有核心人才的全球化能力，這也是人才培育過程中的一個捷徑。

第三、爲及早培育優秀人才，除提供理工科大學生的獎學金之外，更需要早期發掘前往美國、日本、中國等優秀大學就讀的高三學生，並提供他們獎學金。

在李健熙的指示下，三星關係企業為確保核心人才，因而成立負責單位，或是臨時組織，三星電子將人員採用小組擴張改組成人才開發研究所。

## 三星的人才分類

三星集團十八萬職員中，擁有博士學歷的有一萬二〇〇〇名。

三星電子職員中，擁有博士學歷的研究員有一二〇〇多名，取得國外企管碩士學位的人員將近三〇〇多位，合計擁有碩博士學歷的人員共達五五〇〇多名。

三星電子全部四萬八〇〇〇名職員中，扣除二萬五〇〇〇名生產技能職員工，具有碩博士學歷的職員人數佔二萬三〇〇〇名共二十五%的比例。

然而優秀的人才不是憑空就能找到的。為了延攬具有特別能力的人才，三星電子人才開發研究所安成準常務補，以及海外人才聘用組，積極地在全世界各地搜尋優秀的人才。

矽谷也好、歐洲工業園區也沒關係，只有哪裡有優秀的人才、或是實力不凡的工程師，三星電子人才聘用組不分國籍、不管遠近地前往洽談。

三星電子不遺餘力地網羅各國優秀人才。三星也將核心優秀人才分成S、H、A等三級：

・S（super）級：具有高度潛力，在實際業務上展現出優異成果的人才。

・H（high potential，高潛力）級：雖然沒有充分地具體成果，但擁有高度潛能的人才。

・A級：次於S級，擁有優異成果與能力的人才。

三星電子人事組將核心人員分成S、H、A級，分別實施不同的管理。因爲這些人是影響三星電子的關鍵核心人物。

現在三星電子之內，Super 級研究人員有四〇〇名。他們的年薪比同職級的職員要高出三倍。

二〇〇二年十一月五日，三星集團發表 Super 技術人力中，當選三星首屆最高名譽職——特別研究員（fellow）的人員。特別研究員制度指的是，提供電子、電機領域中，擁有世界最高水準技術的人才最高名譽的職務。美國IBM、HP、英代爾等知名企業選出代表公司技術能力的核心技術人才擔任特別研究員，負責透過公開的活動，對外對內進行宣傳象徵企業技術能力。

此外，三星電子在二〇〇二年一月升任英國人大衛・史提爾爲三星電子常務補，成爲三星集團中第一位擔任如此重任的外國人。大衛・史提爾來自英國蘇格蘭、美國MIT物理學博士、以優異成績取得芝加哥大學MBA學位。

不僅如此，第一企畫也特別錄用新春文藝得獎人——當作廣告文案編寫人（Copywriter），三星電子還特別錄用駭客及專業電玩高手。

然而，三星集團對於這樣的人才培育仍感到不足，更進一步地以國外優秀大學留學生以及當地人才爲對象，不分國籍地積極網羅研究開發、行銷、金融、設計、ＩＴ等領域的碩、博士菁英人才。目前三星集團共有一萬二〇〇〇名的碩、博士人才，未來也將逐年以一〇〇〇名的幅度增加。

爲了在美國、歐盟、日本、中國等主要據點擴大成立研究中心，增額錄用不願離鄉他就的優秀人才；同時也擴大實施鼓勵中國、印度、俄羅斯等基礎科學強國人才到韓國大學留學的獎助計畫。

在現行以考試爲主的教育體系下，爲培育難得的優秀人才，早期發掘國中、高中各領域具有才能的人才；爲培育企業所需的人才也擴大訂定獎助金計畫（membership program）。因此，李健熙獎學財團於二〇〇二年七月成立。

李健熙獎學財團之所以得以成立，主要除了獲得李健熙董事長與李在鎔常務補捐贈的一五〇〇億韓圜基金之外，還加上各關係企業捐贈的金額，財團基金預期在二〇〇三年就能達到五〇〇〇億元的規模。

李健熙獎學財團的支援對象包括：美國、歐洲等海外一流大學優秀留學生中的理工科學生；中國、俄羅斯、印度等留學生中，以人文社會及自然系列爲中心的大學生、碩博士班學生。李健熙獎學財團預定從以上這些對象中選出一〇〇名學生，每年提供每位學生五萬美元（以美國爲基準）的獎學金。

然而上述核心人才的培育及網羅，是必須長期有計畫地進行，有些則是配合特定部門的需要另外延攬人才；而三星主要的一般性社員，則是透過公開招募管道選拔出來的。

## 新力的人才培育

最近新力積極網羅的核心人才是所謂的數位 Dream Kid（少年夢想家）。新力的目標就是栽培出爲企業帶來革新與變化、具獨特創造性的人才。具體地來看新力所追求的人才類型有：

- 擁有強烈好奇心、熟知各領域最新的資訊情報，同時能在新領域中提出獨特見解的人才。
- 從商品的開始製造到最後的完成能克盡全力投入的人才。
- 能區分哪些事情需要堅持、哪些事情可以妥協，可以彈性思考的人才。
- 面對似乎不可能完成的事情，也會積極挑戰的人才。

・勇於承擔風險、挑戰危險，具冒險犯難精神的人才。

負責培育新力核心人才的是於一九九七年成立的「新力大學」。過去新力都是在業務現場、實務工作多年的社員中選出擔任經營者的人才。這是日本企業過去傳統的人才遴選方式。然而在急遽的時代變化下，傳統的人才拔擢方式，已無法培育出能因應時代潮流的領導人才。而這正是成立新力大學的理由。

新力大學的學生必須通過「經營人力資源委員會」的審查，才得以入學。經營人力資源委員會的成員包括新力出井伸之會長等最高經營管理級主管等人。

委員會將全世界區分爲美洲、歐洲、亞洲、日本等四個地區，從總人數十八萬名的新力職員中，遴選出二〇名人才。主要的遴選對象爲課長級與部長級。

這些人員都是在十年之後即將成爲新力最高經營者的候補對象。新力對這些人員進行必要的教育課程以及現場工作經驗。

位於東京品川區總公司內的新力大學，一共有十項教育計畫，其中包含有MBA課程以及不同事業主題別的現場教育課程等等。這些是新力大學基礎教育課程中的一部份。

十項計畫中的最核心的部分是「新力全球化領導力研討會」。

二〇〇一年的「新力全球化領導力研討會」有八名日本人、十二名外國人，一共二〇位參加研討會。

這二十位人員在美國的商業學校接受上半期教育之後，下半期的教育課程在日本進行。擔任下半期教育課程的是新力的總經理級主管。

負責授課的總經理級主管包含出井伸之會長以及安藤國威社長等人。安藤國威社長是目前預定在二〇〇五年出任下一任新力會長的內定人物。

「新力全球化領導力研討會」的與會人員，除了從新力最高經營主管身上直接學習經營的教育課程之外，也會在晚宴活動或如酒館等其他各式場合中，與最高經營者互相舉杯並練習酒席間的對話。

將這些候選人帶到酒館，主要是爲了更進一步地觀察他們的資質。實際上，最高經營者也在酒席之間，密切地觀察這些候選人的一舉一動。

結束「新力全球化領導力研討會」之後，參加人員會得到結業證明，將他們分別送往實戰現場。這時會給予他們符合的職務，例如海外知事、或社長、總公司的部長級等。而總公司也持續地觀察這些人才的表現。

以上就是新力人才的培育方式。

## GE的人才培育

新力有新力大學、三星集團有龍仁研究院，而在美國奇異公司（GE）有可羅頓維爾教育訓練中心。可羅頓維爾教育訓練中心位於紐約的奧辛寧（Ossining）。

占地約五十二英畝（約六萬三六〇〇坪），光人力開發學院的建築物就占地二萬五七七四坪。本來一九五六年成立的可羅頓維爾教育訓練中心，是請來大學教授進行塡鴨式地授課的教育研修院。在沒有研修課程的時候，作爲公司幹部休息養身的處所。

賦予可羅頓維爾教育訓練中心全新面貌的是在一九八三年，由傑克・威爾契擔任主導重整可羅頓維爾教育訓練中心的工作。

傑克投入四六〇〇萬美元的資金，進行該教育訓練中心的重建工作。當時奇異公司正進行組織上的結構調整，正處公司財務困窘之際，許多幹部對可羅頓維爾教育訓練中心的重建工作持反對意見。

幹部社員冷嘲熱諷地質疑何時才能回收四六〇〇萬美元鉅額重建資金，傑克卻回答「企業經營有八成取決於人力」的哲學觀念，推行完成可羅頓維爾教育訓練中心的重建工作。

可羅頓維爾教育訓練中心完工之後，一直到傑克・威爾契總裁引退爲止的十八年期間，他都親自前往授課。現在他仍繼續擔任該中心的講師職務。

可羅頓維爾教育訓練中心是全世界最大規模的集團內部經營學院。在這裡除培育企業最高的商業領導人員之外，也開發可實際運用在企業上的經營管理技巧。

截至目前爲止投資於可羅頓維爾教育訓練中心的資金高達五億美元，每年約有一萬名以上人員接受教育訓練課程。

今日，奇異公司之所以能度過無數個難關，並登上世界第一電子公司的地位，說是可羅頓維爾教育訓練中心的功勞可是一點也不爲過。奇異公司與其他大企業不同的是，他絕少從外部延攬人才，而是直接從中心培訓出公司所需的人才。

然而可不是隨便誰都可以進入可羅頓維爾教育訓練中心的。首先必須經由奇異公司的人事評選制度，以遴選出符合資格者。人事評選方法爲二〇：六〇：二〇的方式。

能領導部屬的人員被視爲是上位的前二〇％，停留在現狀的人員爲集團的六〇％，勉強工作的人員爲集團的二〇％。

有資格進可羅頓維爾教育訓練中心的人員，大多是屬於前二〇％的優秀人員。因此能被選爲入社人員，同時也象徵著得到集團的肯定。

該中心的教育課程大致上分爲兩種。分別是領導能力開發課程，以及經營者養成課程。

領導能力開發課程的主要目的是提升業務上的專業能力，培養適應急速變遷之經濟環境的能力。這個課程的對象包含全球所有奇異公司的社員與管理者。

領導能力開發課程內容包括「新進社員領導課程」、「開發專業性課程」、「新任管理者開發課程」、以及「高級管理課程」等。

新進社員領導課程以大學剛畢業的新進社員為對象。每年四次，以二〇〇〇名的工程師為對象，進行三天兩夜的教育訓練。教育課程內容包含奇異公司的定位方向，以及企業環境的介紹等等。

開發專業性課程以進行專業性業務的人員為對象，除拓展人員對其專業業務的視野之外，並以提升這些人員的專業才能為教育課程的重點，進行為期一週的教育訓練。

新任管理者開發課程是針對剛升任為初級幹部的社員，進行培養領導能力的教育課程。

高級管理課程係以經理級以上主管為對象，教導如何更有效率地領導組織成員、並發揮最大的領導效果。

公司社員透過新進社員領導課程、開發專業性課程、新任管理者開發課程、高級管理課程等，循序漸進式的教育訓練能達到階段性成長的目的。

經營者養成課程中包含「管理者開發課程」、「全球性商業經營課程」、「經營者開發課程」等。可羅頓維爾教育訓練中心最受到注目的就是這一部份的經營者養成課程。

管理者開發課程是以奇異公司各事業部門中負責重大業務的管理人員為對象，教授領導能力與策略性思考、事業策略、各領域間的競爭關係、全球化，以及顧客滿意等課程。簡言之，管理者開發課程主要以成爲高階管理者必備的知識技能爲授課的重點。

全球性商業經營課程是以高階幹部爲授課對象。這些高階幹部將來可能成爲繼承公司的經營主導人，因此授課目標爲養成高階幹部具備更寬廣、更符合全球化的眼光與思維。教育內容包括開發全球化的領導能力、世界市場的分析、競爭業者的資訊情報分析、市場策略、掌握消費者心理等課程。這一部份的內容相較於理論上的知識，更重於透過實際案例的經驗學習，並訓練高階幹部解決能力的養成。此外，更將這些高階幹部直接派往相關業務的國家，親自發掘可能的問題所在，並找出解決方案。

最後是「經營者開發課程」。此課程是二〇〇二年十月由李健熙董事長長男李在鎔以三星電子常務補的身份、獲得特別許可的情形下所參加的教育課程。原本這項課程僅有奇異公司的CEO候補人員才有參加的資格，外部人士的參加則是受到嚴格限制。李在鎔之所以能參加這項教育課程，是因爲三星與奇異公司締結的協力合作關係。

三星與奇異在飛機引擎、照明機器、醫療機械等事業領域上，擁有長達二〇年以上的協力合作關係。其中奇異公司新任董事長傑夫・伊梅特在二〇〇一年訪問韓國期間，與李健熙董事長共同餐會時，提及李在鎔常務補可參加奇異公司經營者開發課程的建議。

當時傑夫・伊梅特董事長建議三星集團未來的繼承人應該參與這樣的課程，而李健熙董事長也接納了這項提議。然而奇異公司方面卻感到十分苦惱，理由是經營者開發課程從來沒有讓外部人士參加的前例。

最後奇異公司在考量與三星長久以來的合作關係，以及未來兩家公司合作發展的助益性之後，才終於首肯讓李在鎔參加奇異公司的經營者開發課程。

在奇異公司方面，從全世界三〇多萬名社員中，挑選出CEO候補者三〇名。這三〇名候補者的資料還得經過嚴格的書面審查。

接受「經營者開發教育」課程的三〇名人員中，其中一位將成爲奇異公司未來的企業領導。傑夫·伊梅特董事長的實力也是在這項課程中受到肯定，在他四十五歲就當上奇異公司的總裁。

經營者開發課程是可羅頓維爾教育訓練中心最頂級的課程。被評價爲全世界最嚴苛的教育課程。課程爲期四星期，一年只舉行一次。

上課與討論從上午八點持續到下午六點。上午八點之前，必須完成起床、運動、早餐等各項規定的活動，時間相當緊迫。課程結束後必須準備隔天的上課內容，並且完成指定功課，完全沒有喘息的時間。

四星期的課程中，前十天主要是授課時間。除公司內部二十六位講師之外，大學教授、企業界的CEO等外部人士也分別擔任專業課程的講師。

前十天的基礎知識教育課程結束之後，緊接著進行爲期兩週的現場學習課程。從現場學習課程中，摸索找出公司遭遇困境時的解決方案。透過現在遇到的問題，強化從經營者的角度找出因應對策的能力。

實際參與過這項教育課程的韓國新力公司社長，他當時拿到的題目是「請擬定不同事業部門進出歐洲市場的策略」。當時參與這項課程的三〇名人員分成五組，爲期兩週，直接前往歐洲現場。研修課程隨即從可羅頓維爾教育訓練中心移到德國海德堡。

他們進入歐洲當地GE產品的銷售賣場，直接與職員、顧客進行對話。課程的研修學員在當地現場看到歐洲人的冷淡態度後，因而感覺到應該改變奇異公司攻佔歐洲市場的姿態。

最後一天的課程，奇異公司董事長親自出席，並參與討論。針對課程研修學員對於公司的各種提案進行討論。有的優秀提案立即被公司採用。提出優秀提案的研修學員也被登記爲特別升任候選人的其中一員。

可羅頓維爾教育訓練中心的教育課程不是講師單方面的知識傳授而已，而是經由講師與研修生之間的討論、外加現場學習的一種教育課程。

該中心另一個公開的名稱爲「傑克・威爾契領導力中心」。

可羅頓維爾教育訓練中心始於傑克・威爾契培育人才典範的要求。他所期盼的人才爲：

第一、具備熱情與能量的人才。

第二、具備賦予動機的人才。

第三、集中與決斷、具最高指向性的人才。

第四、具執行力的人才。

其中傑克・威爾契最強調的資質是熱情。如果沒有熱情則無法成就任何事情。實際上，他對敢於挑戰權威、打破砂鍋問到底、事事抱持疑問心的社員均給予高度的評價。

可羅頓維爾教育訓練中心是奇異公司的原動力。更是不斷培育出奇異公司專屬人才的智庫（Think Tank）。

# 8

# 從三星看天下

## 問題與對策

李健熙董事長以電子、金融、
服務事業爲發展中心，
將三星培植成爲具有世界級水準的
數位技術與核心人力的尖端企業。
並同時努力將三星改造成
零負債財務結構的一流企業。
即便三星有如此突飛猛進的表現，
李健熙董事長仍然有許多苦惱。

## 三星的表現

二〇〇一年，韓國出口規模成長爲一五〇四億美元，世界排名第十三。當年三星集團的出口商品總值達二五七億美元，佔韓國出口總額的十六·三%。三星同時也是佔韓國國內市價總額二〇%的大集團，爲韓國績效第一、規模最大的集團。

三星目前仍秉持著要以最好的品質、最便宜的價格、最快的速度爲經營目標，以韓國國內及全世界的消費者爲對象，持續不斷地追求發展。

三星在品質優先、溝通、價值觀、業務型態、經營策略、經營體系等方面均已達韓國第一的水準。自一九八七年李健熙接任董事長以來，在他強力且縝密的經營領導之下，爲三星注入一股全新的發展力量。

李健熙董事長是在李秉喆董事長過世後，一九八七年十二月一日起正式接任三星董事長迄今，相形於他的父親，李健熙爲三星帶來更大的發展。

三星總銷售額從一九八七年的十七兆三九五六億元，增加到一九九五年的六十四兆元、一九九六年的七十一兆元、二〇〇一年的一二三兆元（稅後淨利爲五兆元）。

二〇〇二年財務報表雖然還未正式發表，但高達一三七兆元的銷售額、十五兆元的稅前淨利，已經創下三星有史以來最高的銷售總額，以及最高淨利。

位居三星主力事業的三星電機、電子關係企業的表現情形又格外地突出。二〇〇一年三星電子在全世界前三〇〇家電機、電子企業當中，以二四四億美元的銷售金額、排名第十八，但是合計三星ＳＤＩ（排名第八十六名、銷售額四二億美元）、三星電機（排名第一四三名、銷售額二三億美元）的排名，整體上的表現應該大幅地提前總排名的名次。

也就是說，如果合計電機、電機部門的總銷售額，合計高達三〇九億美元的成績，三星可擠進前十名的企業之中。

最近，更有消息指出三星電子即將接收美國奇異公司（ＧＥ）的家電部門。

萬一三星接收奇異家電部門的話，三星最少在家電事業領域中可以成爲世界前三大企業。目前排行世界第一位的家電企業是美國惠而普公司。

以二〇〇一年基準來看，惠而普持有全世界家電市場十四・三％的市場佔有率、銷售額達一〇〇億美元。第二名是瑞典伊萊克瑞斯（Electrolux）十二・八％（九〇億美元）、第三名爲日本松下電機九・七％（六八億美元）、第四名爲德國百靈七・一％（五〇億美元）、第五名爲奇異公司七・〇％（五〇億美元）、第六名爲ＬＧ電子六・四％（四十五億美元）、第七名爲三星電子五・五％（四〇億美元）。

如果三星電子接收奇異公司家電事業的話，三星電子的市場佔有率將提升至十二・五％，

〈表四〉世界前三百家電機、電子企業銷售金額（以2000年為基準）

| 名次 | 公司名稱 | 國家 | 銷售金額 |
|---|---|---|---|
| 1 | IBM | 美國 | 875億美元 |
| 2 | 松下 | 日本 | 636億美元 |
| 3 | 富士通 | 日本 | 495億美元 |
| 4 | HP | 美國 | 457億美元 |
| 5 | National 電機 | 日本 | 403億美元 |
| 6 | 康柏 | 美國 | 385億美元 |
| 7 | 朗訊科技 | 美國 | 380億美元 |
| 8 | 西門子 | 德國 | 379億美元 |
| 9 | 新力 | 日本 | 362億美元 |
| 10 | 摩托羅拉 | 美國 | 330億7000萬美元 |
| 11 | 東芝 | 日本 | 330億6000萬美元 |
| 12 | 英代爾 | 美國 | 293億美元 |
| 13 | 英格朗公司 | 美國 | 280億美元 |
| 14 | 飛利浦 | 荷蘭 | 266億美元 |
| 15 | 日立 | 日本 | 263億美元 |
| 16 | 戴爾電腦 | 美國 | 252億美元 |
| 17 | CONNON | 美國 | 232億美元 |
| 18 | 三星電子 | 韓國 | 228億美元 |
| 19 | 微軟 | 美國 | 223億5000萬美元 |
| 20 | Ericsson | 瑞典 | 223億2000萬美元 |

勝過百靈及松下電子，晉升至世界前三名的地位。

現在三星集團雖然是以電機、電子爲主力事業，然而三星生命、信用卡等金融集團也有持續成長的成績表現，現在李健熙所關注的其中一項事業——三星物產也已成爲韓國首屈一指的綜合性商社。

李健熙董事長以電子、金融、服務事業爲發展中心，將三星培植成爲具有世界級水準的數位技術與核心人力的尖端企業。並同時努力將三星改造成零負債財務結構的一流企業。

即便三星有如此突飛猛進的表現，李健熙董事長仍然有許多苦惱：首先是他積極想有所發展的奈米（nano）技術與生物科技，比預期中還要困難；此外也面臨了創新技術不足；未來五～十年養活三星企業的革新事業方案仍無定案；金融事業亟需進行結構改組等問題。再加上中國最近在家電市場上的急起直追，讓三星備感威脅。

李健熙董事長領導三星的第十六年，因爲憂心集團的未來，甚至苦無食慾，一天只吃幾個壽司勉強果腹，體重還因而下降十幾公斤；他還因爲操煩於公司發展進而輾轉反側難以成眠。幾年下來，李健熙如此殫精竭慮的結果，換來的是三星集團的蓬勃發展。

經過努力不斷的研究、思考，反覆地詢問自己「爲什麼？」，這樣的付出引領三星達到今日的境界。

如今三星集團儼然已成韓國企業的表徵。這不是一天兩天就能一蹴可幾的。

在成爲董事長之前，李健熙已經在三星磨練將近二十一年的時間。並在「韓國經營之神」——父親李秉喆底下常年接受嚴苛的經營訓練。

李健熙如今年歲已過六十。一想到父親一直到七十八歲（一九七八年）爲止，都持續不懈地領導著企業向前邁進，李健熙現在還只是剛邁進入第二階段而已。

事實上，李健熙現在也才要眞正開始展現身手。

儘管現今年輕人才輩出，然而想在短期內培育出眞正能領導ＩＴ等當紅產業的企業家，其實有點困難。

所謂傑出的企業家，指的並不是具備獨特技術能力的人才，而是能以新的技術爲基礎，在瞬息萬變的時代變遷中，面對危機考驗，並及時有所因應、突破現況的人。

技術隨時隨地在變。新的技術不斷發展。一項新技術的競相研發，將對目前支配市場的企業造成強烈威脅。韓國企業的生存年限不超過三十年的主要原因，就在於危機處理能力的不足。

就如同地球上最大體型的生物——恐龍於一日之間就絕種一樣。有能力的企業家應該要能充分瞭解時代潮流，並靈活運用趨勢脈動。

年紀大了多少會越來越固執。固執是執著於過去的事物。如果能摒除這點，眞要觀察一個企業領導人，就要從他六十歲以後開始。

# 三星的問題

## 砍掉桌腳的弊病

我們的價格要比日本競爭業者低上三分之一。假如日本業者工業用十九吋映像管的製造成本價爲一六五美元的話，三星SDI就必須是一〇五美元。

這是三星某位關係企業總經理所說的話。

這番話代表的是該公司具有相當的價格競爭力。然而聽到這一番話的下游廠商，則是受到不小的衝擊。

爲了提升價格競爭力，因而要求下游廠商降低貨品價格。但韓國的中小企業價格上能夠縮減的空間已經相當有限。

要求降低貨品價格，用中小企業業者的話來說就是「砍掉桌腳」，對中小企業而言，砍掉桌子其中之一腳就變成缺了一腳。爲了維持桌面的平衡，不得不削去剩餘三隻腳原先的高度。

爲了降低成本價格，大企業向A下游廠商要求降低產品價格，而A廠商爲了取得銷貨管道，不得已只好答應大企業的要求。而大企業以A廠商爲例，再度要求B、C、D廠商也同意降低供應產品的價格。B、C、D廠商被迫也只好答應大企業的要求。

當桌腳一隻一隻砍掉之後，最後只剩下桌面。而這就是所謂「砍掉桌腳」。這是企業採購部門經常使用的伎倆。採購部門將獲得下游廠商削減多少的單價，作爲交易的評價與依據，即使是一分錢，採購買部門也會費盡心思要求下游廠商降價。

現今韓國有許多中小企業都會遇到這種「砍桌腳」的不仁慈的對待。每日奔波於工廠之間確認貨品數量，卻沒有多餘的心思花在R&D（研究與設計）方面。

舉例來說，某家企業轉移到中國天津，進而也勸導下游廠商一起到天津。

如此一來，下游廠商難以拒絕企業的勸說。原因是一旦拒絕之後，就代表失去這條交易的管道。

當韓國企業在中國設廠，我們會發現周圍有無數下游廠商的工廠。這主要是爲了能相互迅速提供協助。

因爲母公司而前往天津設廠的子公司，自然而然就受限於母公司的一舉一動。到後來母公司要求要砍掉桌腳，下游廠商也不得不接受。

原先在韓國經營工廠的時候，或許還能將貨物銷售至其他的企業；但是一旦跟隨著大企業前往其他地方的話，則因此受限於母公司進而動彈不得。因此韓國的中小企業，比美國或日本面臨到更惡劣的條件。

日本是中小企業興盛的國家，大企業培植中小企業。三星或是韓國的其他大企業，如果沒有這些數百、數千家中小企業的協同合作，也是無法生產出成品來的。

大企業與中小企業是一體的。然而韓國的情況是內部無法團結一致。

第一個讓人聯想到的日本中小企業是村田製作所。不久前主任研究員——田中耕一（四十三歲）得到諾貝爾獎，該製作所在醫療精密儀器製造領域中，擁有世界第二～三名之內的實力。然而像村田製造所一般的世界級中小企業算是少數。

萬一村田製造所關門的話，全世界行動電話將有十億台以上無法通話。理由是村田製造所佔有行動電話核心零件——壓電陶瓷濾波器（ceramic filter）全世界五〇%以上的市場佔有率。

村田製造所另外在陶瓷電容（ceramic capacity）或是微波濾波器（microwave filter）等領域也擁有五〇%以上的市場佔有率。

導電體陶瓷領域中，在美國登記的三九一個註冊專利中，其中六二個專利就是出自村田製造所。

村田製造所創設於一九四四年十月，擁有六〇年不算短的歷史。但就日本企業而言，六〇年的時間並不算太長。

而村田製造所在這不算太長的時間內，就能達成支配世界的成果，其所憑藉的就是不斷的研究與開發。未來大企業將無法獨自開發出所有的技術，而是透過培植優秀的中小企業並且與中小企業共同發展。

三星還算是屬於優待中小企業的大企業。在改善類似弊病上，則需要更加積極一些。韓國大企業如果想以技術稱霸世界的話，國家與大企業勢就必須更積極地培植中小企業的發展。

## 平常時的結構調整是另一種解雇方式

傑克·威爾契就任以後十五年期間，一共裁員了十一萬二〇〇〇名員工，佔全體職員的二十五%。以救援投手身份入主日產汽車的卡洛斯·高恩（Carlos Ghosn）董事長也裁員將近二〇%。就結構調整而言是十分成功的，但這卻不是十分人道的作法。

美國或是歐洲的經營方式，就如同外科醫生手術切除病人患部一樣，以裁員的方式改善企業結構。然而東西方的處理方式不同。東方是採用中藥，藉由中藥改善體質，進而改善病情。

東方有東方的經營方式。三星的情況是，將不能跟隨公司發展方針進步的人員予以解雇，但對於克盡職責、勤勉工作的資深人員，用名譽退休制度、發放退休金變相地逼迫退休的方式，則顯得有些不夠謹愼與周全。

即使這樣給予退休或離職人員退休金或安慰金，或是提供再度就業的管道，但是解雇一個投注終生心血於公司的員工，其心情之沮喪可想而知。

德國的百靈以沒有解雇或名譽退休等制度而聞名，日本的松下集團在公司困難的時候，採取減少薪水或獎金的制度。

企業雖然不是慈善事業團體，但是企業一遇到困難就解雇員工也不是很好的方式。

威爾契總裁雖然在美國是十分受到尊敬的企業家，在韓國企業中也有七十五%以上的人給予好評，但是威爾契大幅度地解雇員工，也有一些人批判奇異公司是美國最不仁慈的企業。

## 三星電子是日本的企業？

一部份的美國人認爲三星電子是日本的企業。

向來分不清東方人的美國人，不知怎地將三星電子誤以爲是日本企業。

不管是美國的紐約時代廣場、還是倫敦的 Picadilly Circus、香港一百萬美元夜景區中環等地，都可以看見世界級大企業繽紛閃爍的大型霓虹看板。

當然三星也在其中。

美國人一提到新力就會聯想到家電產品，如數位錄影機。提到飛利浦也同樣地聯想到家電產品。然而提到「三星電子」廠牌，則無法有直接的聯想。

三星還沒有具備足夠的品牌強度。主要的原因是三星產品的領域包含物產、生命、家電、紡織等許多部門，因此分散了消費者的品牌印象。

不過三星電子近日來也有突破性的進展。三星電子從過去的廉價品牌印象，經由常年品牌投資的努力，升級為與新力一較高下的高級品牌，在品牌印象提升上有不錯的經營成果。

## 領先技術的不足

如同先前所提及的，三星電子在領先技術方面，比起世界級各大企業仍十分不足。領先技術可視為一個國家科學技術的發展程度。

以TFT-LCD情況來看，就包括了德國的液晶技術、Corning的玻璃以及美國3M的塑膠。美國之所以興盛，主要原因是其超強的領先技術。行動電話中的朗訊科技，或是CPU的英代爾公司都擁有領先技術。

要擁有領先技術首要就是培育公司內部技術人才。要製造出地球上前所未有的新技術，還得是天才般的研究人員才可能辦得到。

李健熙董事長也深諳此道理，因此主動召開多次有關人才培育等經理級主管會議。

三星日後人才培育的結果將直接影響三星領先技術的開發情形。

## 董事長一人的體制

有部分的說法指出，三星今日卓越的發展，主要歸功於李健熙董事長一人專屬的決策結構。另一方面，李健熙個人的決策結構所帶來的副作用中，最具代表性的要屬三星進出汽車事業的決策了。

三星汽車事業的成敗與否，不是三言兩語就能說明的。其中錯綜複雜的政商關係，更是增加評價的困難性。若干指責是針對李健熙本人對於汽車事業過度的熱情、以及釜山信湖園區腹地本身的發展存有某些問題等。

從經濟面來看，三星汽車事業初期進行了不當的過度投資。有人認爲這是一人支配下的大企業所產生的現象。然而一人支配結構是好是壞，並不是輕易就能下定論的。

朝鮮王朝五〇〇年歷史中，不斷地上演君主與臣下之間領導權的爭奪戰。然而有能力的君王親自統治天下、親身治理。當然有能力的君王也會面臨許多挑戰。

朝鮮王朝五〇〇年歷史中，提到有威望的君王立刻聯想起：太祖—李成桂、三代的太宗—李芳遠、四代的世宗大王、首陽大君—世祖、以蕩平政策聞名的英祖，以及推動文化復興的正祖大王等幾位君王。

當然有威權的君王同時也面臨許多挑戰。

英祖大王是韓國歷史上在位期間最久的一位（五十六年），統治能力十分優秀，但他後來卻在政治鬥爭中被自己的兒子—思悼世子所騙，因而身亡；而正祖大王儘管政治上表現傑出，但後來也是受人謀計被毒害身亡。

相反地，無威望的君王可就不計其數，如：定宗、文宗、端宗、仁宗、宣祖、明宗等。有趣的是，朝鮮王朝五百年歷史中，國家最富庶的時候，也是君王權威最興盛的時候。君王的權力越大，國家的發展速度越快。

世宗大王可說是代表性的君王。國境領土不如仁祖或先祖等君王，甚至發生壬辰倭亂等叛亂。

高宗也是因爲無法掌握主權，最後在日帝的威脅下被迫退位，無力的純宗最後讓日本統治，使國家遭受奇恥大辱。

國外的經濟專家批評韓國大企業最大的問題在於一人專制的決策組織，容易因個人獨裁性的決策而導致企業的失敗。這個問題看似簡單，其實不然。

就某一方面而言，也許這一點可看做是韓國特有的企業文化，或許還有深入探討的價值。

三星常被提出的缺點還包括：電子部門過度依賴半導體事業、三星品牌仍未在西歐市場打開知名度、化學・經濟・金融部門方面還未能保有世界競爭力、其他的事業領域過於廣泛、市場的佔有率過低、飯店事業的收益性過低等問題，也需要密切觀察下去。

## 對人民與國家的回饋

三星已是韓國的代表性企業。三星的歷史可說就是韓國企業歷史的核心、開拓世界韓國式經營的標竿。

三星所製造的產品由韓國人使用，韓國人到海外旅行時，看到三星的招牌，不由得同感驕傲了起來。這些都是三星要謹記在心的。

過去韓國國民爲了表示愛國心，購買品質較差的國產品。不容諱言的，三星以前的產品，就是屬於這類品質較差的國產品之一。

三星之前也曾經生產過動不動就折斷扇翼的電風扇、時間不精確的手錶、經常必須修理的電視、容易因潮濕而生鏽腐蝕的洗衣機外殼、不容易點火的瓦斯爐等品質不良的產品。

此外，過去政府鼓勵人民多多儲蓄，好以更有利的金融條件提供大企業支援的資金，三星產品的生產上也曾獲得政府的許多優惠。間接看來就是用國民的錢資助企業的發展。

三星能有今天的成長結果，人民的助益著實不小。三星也必須牢記這一點。

三星必須製造出更好的產品以回饋人民。三星也必須體悟到企業的利潤必須回饋到人民以及國家經濟上面。

國民對於李健熙卓越的企業策略，以及三星身為韓國開拓世界市場的尖兵企業，也都深引以爲榮。

爲回饋國民、國家的恩惠與支持，李健熙董事長也必須抱持著企業家精神，取之於社會、用之於社會。

# 9
# 最受尊敬的韓國CEO

## 李健熙與他的經營觀

三星的卓越表現，
最重要的原動力還是來自三星集團
董事長李健熙在經營上的先見之明。
堅固的組織運作、實力爲主的人才培育、
集中與選擇、執著、長期性的經營觀、
切合時機的投資判斷、全球化的發展方向，
這些是讓三星電子成功的七大條件。

## 承志園

李健熙有兩個辦公室。

一個位於三星總公司二十八樓，另一個位於承志園。但李健熙的主要工作場所在承志園。

承志園位於漢城漢南洞凱悅飯店對面的巷弄中。從李健熙住家到承志園約一〇〇公尺的距離，步行不過二～三分鐘就到了。

承志園佔地三〇〇坪，由建築面積一〇〇坪的本館以及洋房等附屬建築物連結而成。

這棟建築物原本是李秉喆董事長為了保存傳統，經由實際考證之後所建造成的韓國式傳統建築。

李健熙在一九八七年李秉喆董事長過世之後繼承了這棟建築。然而李健熙繼承的不僅是建築物本身而已，也意味著繼承了父親的意志，因此才會幫這棟建築物取名為「承志園」。

他在這地方曾經與三星會長團進行過六次的協商，討論第二移動通信主導事業等問題。這裡除了舉行重要的聚會之外，也曾用來與美國奇異公司伊梅特總裁與惠普公司的菲奧莉娜執行長等商討互助合作方案。關係企業經理級主管會議以及面談也都是在這邊舉行。

承志園的外觀雖然是傳統式的韓國建築，但內部具備最尖端的數位設施。

來訪的賓客只要將存有個人基本資料的別針別在身上，一進入室內，房間就會自動播放賓客喜愛的音樂以及偏好的香味。

承志園地下辦公室中除了基本的衛星通信、傳眞等設備之外，也設置了未來家庭式網際網路系統。爲讓李健熙業務處理以及命令傳達更加便利，尖端科技設備應有盡有。

二〇〇一年承志園全面改裝。

承志園改建的主要參考對象是微軟比爾．蓋茲總裁位於美國西雅圖的自家住宅。比爾．蓋茲總裁住宅的建造前後歷時七年，於二〇〇〇年九月完工。

對比爾．蓋茲而言，家是「宇宙中心」。比爾．蓋茲的住宅與資訊快速連結，讓他可以即刻取得他所需要的全球資訊。

舉例來說，從美式足球比賽的勝率、到房子的出租率、特定商品的庫存量、犯罪實際分析報告、選舉資金的募集狀況、一九六五年披頭四的演出實況、美國歷任總統的照片等，所有的資訊一應俱全。

比爾．蓋茲爲了蒐集並整理所有資訊，特地成立了可將資訊系統管理的 Kobis 數位公司。

此外，比爾．蓋茲爲了讓每位訪客賓至如歸，還建造了各種便利的先進設備。來訪的賓客只要在衣服別上電子別針，一進入室內，房間自動會調整客人喜好的燈光色調、音樂以及香味。

當有電話來時，離比爾．蓋茲最近的一隻電話就會響起。而爲滿足客人需求，還會提供他們喜歡的電影、音樂、圖畫以及電視節目等。

比爾·蓋茲所在的房間會自動地將室內溫度調節到他喜好的溫度，在他睡覺之前自動播放出他想要聆聽的樂曲。

簡而言之，比爾·蓋茲的房子幾乎具備了所有的尖端數位科技設施。

承志園的設計公司為了仿照比爾·蓋茲住宅的規模，還特地於二〇〇一前往拜訪負責該案的設計公司。

李健熙董事長在承志園中決定了集團經營的大方向，並下達指示。只要一發現關係企業經理的經營方向錯誤時，李健熙也會把這些經理找來承志園，進行深夜討論。

從各關係企業經理主觀且不明確的判斷中，李健熙必須以客觀性的角度找出其中的重點。

每日的工作結束之後，李健熙即會步行二～三分鐘返回漢南洞的住家。漢南洞住家佔地三一〇坪、建築面積一四五坪，是兩層樓的西式建築。

李健熙與夫人洪羅喜以及兒子李在鎔常務共同居住。李健熙的臥房約五坪，臥房中間是雙人床，兩邊的牆壁擺滿各式各樣的書籍，另一面牆壁放置著大型電視、錄放影機、音響設備等視聽器材。

窗邊放置簡便型桌椅，李健熙經常會一整天坐在窗邊冥想。

房間內由美術品點綴出簡潔的品味風格，房間地板上則是排滿了介紹日本歷史文物，以及尖端產業的錄影帶。

此外，以德川家康時代爲背景的日本漫畫集也在李健熙的蒐集行列中。

李健熙素以「錄影帶狂」著稱，他曾將看過的其中一萬卷錄影帶，捐贈給「三星AV資訊中心」。

## 家庭

李健熙董事長表示從來沒跟夫人洪羅喜女士說過「我愛你」這樣的話語。對此，洪女士當然有許多的不滿。

洪女士表示：與李健熙結婚後的前三年時間，對李健熙有許多的不滿之處；直到經過五年之後才稍微瞭解李健熙的個性。

洪女士還說，她眞正完全掌握李健熙的個性，是在一九八九年，也就是他們結婚後的第二十三年。李健熙個性之難以掌握，由此可見一斑。

即使是集團祕書室中，最瞭解李健熙的人也表示，充其量最多也只瞭解到二〇%的程度。李健熙思考程度之深、關切議題種類之廣泛可想而知。

大家都知道李健熙的興趣是思考與讀書。李健熙一回到家就會立刻換上睡衣，而只要一進臥房就很少到外頭走動。

子女們大約二~三日回家一趟，與李健熙的交談最多只有五分鐘的時間。最近與家人交談的次數雖然增加，但是自李健熙結婚之後的二十年間，全家人在外頭聚餐的機會不超過二~三次。

李健熙膝下有一男三女。子女們各自長大成人，除了最小的女兒還沒結婚之外，其他都已各自成家。李健熙對子女的家庭教育十分嚴格。

李健熙每天上午十點左右起床，通常半夜二~三點才就寢。偏好於夜間工作的李健熙，甚至還有好幾次由於睡眠不足眼睛充著血接受韓國總統召見進行晨間會議。

## 財產

根據二〇〇二年二月二十八日美國《財星》雜誌發表的結果，李健熙董事長十億美元的資產總額，讓他從前一年的三一二名晉升爲世界第一五七名富豪之列。

比爾·蓋茲以財產總額五二八億美元（較前一年減少六十億美元）連續八年名列爲世界首富。第二名爲投資鬼才巴菲特（三五〇億美元）、第三名爲德國的阿爾布萊希特兄弟（二六八億美元）。

截至二〇〇二年四月一日，三星集團總共六十三家關係企業、資本總額達七兆六四六七億韓圜。

其中李健熙董事長持有三星物產一・三八％的股份，還擁有其他包括三星電子、三星綜合化學、三星生命、三星火災、三星證券等八間公司的股權。

全部關係企業中，李健熙的持股比率爲〇・四五％，包含親族、非營利財團、任員等特殊關係人員的持股比合計爲一・五四％，包含關係企業公司的內部持股比爲四二・四五％。

考量支配結構、以及贈與方面的問題，李健熙幾乎完全沒有三星愛寶樂園與三星ＳＤＳ的股權，反而是家人與特殊關係人士各持有五十一・六三％、二十九・六五％比例的股份。

## 性格

李健熙董事長話不多，是屬於寡言型的企業家。他在發表言論之前，一定會經過一番深思熟慮。

他從來沒有隨性地交代或吩咐屬下任何事情。

對李健熙董事長的想法如果有反對意見的話，最好經過仔細地調查與瞭解情況之後再提出，否則如果草率提出，反而可能會碰到大釘子。

因爲李健熙最痛恨不力求事實，凡事輕率、隨便的想法與態度。他的個性是打破砂鍋問到底，一定要找出問題根本核心才肯善罷干休。

李健熙所主持的會議一旦正式開始進行就沒完沒了。平時寡言木訥的李健熙，只要一開始進入正題，就會把事情一件一件問清楚，與相關人員進行辯論。陳述起自己的想法與理念，往往也會持續進行好幾個小時。因此三星職員有個不成文規定，就是參加會議之前，一定要先去洗手間。

李健熙非常痛恨社會對於他的指責。

過去他曾因三星職員中出現商業間諜事件，而對經理級主管嚴厲斥責：「如果我今天不追究責任，大家會振作起精神嗎？」另一方面，李健熙對於自己是繼承父親，才得以擔任集團董事長職位一事，在他心裡變成一項重擔。而也因為這項重擔，讓李健熙認爲自己應該多做一些回饋社會的事情。

因此，儘管收益性再高的事業，只要是可能受到指責的他也絕不會去做，這也是李健熙的其中一項經營方針。

不急不徐的個性，以及雖然嚴格卻沒有疏漏的性格，是繼承自父親李秉喆。不過李健熙也有感性、溫柔的一面，他在就讀漢城師大附屬高中時，就曾不爲人知地幫家境窘困的同年級同學繳交註冊費。

並不是每一位事業經理他都會去責備。被他責備的人反而是因爲他認爲將來可能會有一番成就或作爲。

他對經理們最大的稱讚頂多是「這次因為我而受很多苦吧？」這樣的程度。李健熙從父親李秉喆得到唯一一次稱讚，是李健熙擔任《中央日報》理事時，李秉喆對李健熙所說的：「就這樣做吧！」

## 身體狀況

李健熙身高一七〇公分、血型AB型。座右銘是事必歸正，與傾聽。酒量為一杯葡萄酒的程度。香菸之前有時抽一包半，在接受癌症治療之後，已經完全戒煙。

一九八五年以後開始喜歡馬術，高爾夫球則因兩年前膝蓋受傷而只能隨同繞行。

李健熙所穿的鞋子為韓國品牌的「金剛製鞋」。不穿量販產品，李健熙的鞋子是特別量製定做的。定做鞋子的價格雖然要比一般的鞋子貴上七〇％，但穿起來完全合腳，而且更加舒適。

西裝方面，李健熙偏好雙排扣的成套西裝。雙排扣西裝除了具有貴族般的品味之外，還可以修飾李健熙因練過摔角而過於壯碩的體型。

李健熙主要是穿著黑色西裝。他特別喜好黑色的理由是，穿著黑色西裝不論是參加喪禮或婚禮等任何場合都不會失禮。當然服裝的實用性是選擇的主要考量，最近他很喜好穿著開襟式的上衣外加雙排扣的西裝外套。

此外，李健熙也經常穿著運動型外套，出現在員工面前。通常在第一紡織公司選購一般服裝，正式的西裝則在漢城市內的洋服店，用第一紡織的衣料，量身定做西裝。襯衫則在新世界百貨公司選購 Peacock Original 品牌的襯衫，此外鮮少購買外國品牌服飾。

至於褲子方面，李健熙喜歡簡單、乾淨的設計線條，不喜歡裝飾過多、複雜的風格。讓李健熙感受深刻的著作是著名未來學學者艾文・杜佛勒（Alvin Tofler）的《大未來》（*Power Shift*）。此外，當思慮煩雜時，李健熙喜歡閱讀父親的經營哲學《湖巖語錄》一書，以沈澱自己的心情與想法。

李健熙還親自會見杜佛勒進行面談討論，兩人在預測未來變化方面具有同樣的觀點。此外，他們也一致認爲知識是所有經營活動的必備要素。

李健熙也閱讀各式各樣的小說。他極爲推薦的是五木寬之的小說《他力》。五木一九三二年出生於日本九洲福岡，可說是日本小說界的泰斗，但在韓國卻沒有任何他的翻譯作品。一九三五年，三歲的五木因父親工作的關係隨行至韓國，曾就讀平壤第一國中，因日本戰敗而返回日本。

之後五木就讀早稻田大學，然而因繳不出學費而中輟，他於一九六六年發表他的第一篇小說之後，現在已成爲日本的知名小說家。

在暢銷小說《他力》書中，他將日本法然高僧、親鸞法師兩人生活的智慧，以一百種話題的方式呈現。

李健熙是個廣爲人知的讀書狂，然而他閱讀過哪些書籍，則沒有特別對外公開。不過一般人比較淸楚的是，李健熙對於日本歷史有相當淵博的知識，尤其對於德川家康時代，有著比任何人都還要深入的研究與瞭解。

除韓國國內的新聞之外，李健熙主要還是收看美國CNN以及日本NHK。尤其是新的技術或是歷史相關的紀錄片、連續劇，也都是李健熙喜愛觀賞的電視節目類型。

李健熙的座車是賓士S六〇〇。此外，他個人還擁有私人用飛機 Global Express。年輕時候曾喜歡在德國高速公路上，享受高速飆車快感的李健熙表示，現在的他幾乎很少駕車出遊。

## 興趣

上酒館應酬的次數一年大約二~三次。基於拓展業務的理由而不得不去應酬，然而李健熙幾乎滴酒不沾，也從來不唱歌。

爲了健康上的考量，李健熙喜歡半身浴以及騎馬。李健熙的半身浴在企業家之間獲得好評，許多企業家也開始實施半身浴。

半身浴指的是將身體心臟以下部位浸泡在比體溫高出二～三度水溫（三十七～三十九度C）的水中，讓身體自然出汗，身體浸泡在水中的時間是二十～三十分鐘。

半身浴在日本早已風行許久，還有文獻記載：「將身體的特定部位反覆地浸泡在冷水與溫水中，可促進體內的新陳代謝」。

只要持續半身浴一個月的時間就能減重一公斤，喝酒宿醉隔日可藉由半身浴讓腦袋清醒，皮膚會變得更好。總之半身浴適用於所有病症，經常做半身浴，甚至可以預防感冒，是維持身體健康的祕方。

李健熙董事長每天在漢南洞自宅做半身浴，同時構思事業上的經營策略。

## 飲食

李健熙董事長四十幾歲的時候喜愛年糕、紅柹、土司、拉麵等食物。年輕的時候特別偏好西式餐點，食慾好的時候，一次甚至吃下三人份的牛排餐；隨著年紀的增長，現在喜歡味道清淡的生魚片壽司等食物。

如果沒有特別的行程，李健熙每天會與家人共進早餐；午餐與晚餐通常是安排與事業上往來的人員共用。

李健熙特別喜愛拉麵，即使一天三餐都吃拉麵也不會覺得厭煩。現在大概一週吃二～三次的拉麵。到國外出差的時候，職員有時還會特地爲他準備拉麵。

李健熙最近也偏好傳統韓式料理，如韓式泡菜火鍋、味增火鍋等，泡菜也是他飯桌上不可或缺的食物之一。

外食的時候，主要前往新羅飯店用餐；偶而與全家人到漢城江南一帶的義大利餐廳享用西餐。

正餐之外，李健熙有時喜歡吃帶有學生時代回憶的芝麻麵包、紅豆麵包，或是奶油麵包。

## 對於李健熙的評價

二〇〇二年以一五〇〇名韓國國內網路族群爲對象所進行的線上問卷調查結果，韓國國內最受尊敬的企業家排名第一的是李健熙；國外企業家部分第一名是比爾·蓋茲。

不僅如此，根據韓國國內進行的各項輿論調查結果顯示，最受尊敬的企業家、最想仿效的對象，李健熙通常都是第一名。

國際上對與李健熙的經營能力也都給予高度的肯定。二〇〇三年一月英國的《財經時代》(*Financial Times*)所公布的全世界最受尊敬的前五十名企業人士中，李健熙董事長排名第三十二位；而最受尊敬的企業前五十名中，三星電子被選爲第四十二名。

依據韓國科學技術院技術經營研究所於二〇〇二年十一月以一五〇位研究生爲對象，所進行的「最受尊敬的韓國ＣＥＯ」問卷調查結果，全體調查對象中二十一・三%將李健熙列爲第一名。

李健熙在領導能力、人才培育、未來預測性、策略性思考、組織管理能力等方面，獲得相當高的分數。

日本經濟專業雜誌《鑽石週刊》(*Diamond*) 在二〇〇二年九月二十五日的報導中，給予李健熙這樣的評價：

> 三星電子能有如此令人刮目相看的成就，最大的原因必須歸功於企業主優異的領導能力。三星電子在銷售額方面超越新力、單期淨利超越豐田汽車，逐漸展露出韓國經濟的實力。
>
> 雖然ＤＲＡＭ、行動電話、TFT-LCD等許多世界一流產品，大大提升三星集團在世界市場的地位；然而三星的卓越表現，最重要的原動力還是來自三星集團董事長李健熙在經營上的先見之明。
>
> 堅固的組織運作、實力爲主的人才培育、集中與選擇、執著、長期性的經營觀、切合時機的投資判斷、全球化的發展方向，這些是讓三星電子成功的七大條件。

# 李健熙經營的特徵

## 重視人才的經營

「一名天才可養活十萬名人口」。李健熙不惜成本地投資於企業核心技術的人力培植。

三星電子副董事長尹鍾龍、陳大濟總經理、韓龍外總經理、李基泰總經理、李潤雨總經理等人，就是李健熙在以能力為主的考量下所安排的人事佈局。三星人員的進用是絕對排除人情關係、學歷等因素的。

舉例來說，李健熙董事長六等親以技能職員身份進入公司，就得從基層開始做起。即使是董事長的親戚，如果沒有能力，別說是升任，甚至連轉換到管理職等的工作也不可能。李秉喆董事長外甥在參加公開職員招募，因成績不理想而被淘汰。

最近三星在新進人員申請文件中，已經取消「出生地」的欄位。其目的在於排除一切地緣、人緣以及學校科系的考量，而主要以個人的能力做為任用的基準。

## 同時授予責任與權限

三星電子尹鍾龍副董事長，以及各部門經理級主管就是最好的例子。信任加上充分授權。

這對那些認眞負責的有爲人士可說是極大的鼓舞。

尹鍾龍副董事長以及核心經理級等高階主管，年薪高達三十億韓圜以上，並且享有股票選擇權。

## 果敢的投資決定

就如同決定投入半導體事業的關鍵決定一般，三星當初這項外人看來極不理智的決定，今日卻主宰著三星存活的命脈。李健熙確實具有洞悉未來的慧眼。

## 追求超一流企業的旺盛企圖心

這是從上一代李秉喆董事長流傳下來的經營方針。

李健熙比父親李秉喆的企圖心還要旺盛。其結果是三星在半導體以及行動電話事業蓬勃的發展。在中國大陸市場，三星行動電話即使是將近一〇〇萬韓圜的高價，也還能達到銷售一空的盛況。這就是超一流行銷策略的代表性成功例子。

## 將思考與興趣融入企業經營

騎馬、高爾夫、蒐集汽車、飼養珍島犬、欣賞電影及紀錄片等興趣，是李健熙全球化經營決策時的重要參考來源。三星請來高爾夫球選手朴世莉代言三星品牌，藉由朴世莉在體壇的傑出表現，以期更有效地宣傳三星的品牌印象。

三星每年補助朴世莉一〇〇〇億韓圜的贊助金，經由朴世莉在高爾夫球界的活躍表現，每年就爲三星締造出一兆五〇〇〇億元以上的品牌價值。

## 瞭解技術的深奧與發展方向

李健熙重視科學技術。他本身也親自拆解電子產品，不清楚的時候甚至直接找來專家學者詢問，以求更詳細地掌握產品的內部構造。他是韓國國內購買最多電子產品再加以拆解、分析其內部構造的人物。

經由這樣不斷的拆解研究之後，他得到的結論是：越複雜的機械，越需要加以單純化。因此三星當初在開發 4MB DRAM 的時候，不採用向下挖掘的溝槽方式，而採用往上堆積的堆疊方式，這項決策最後讓三星的半導體成功地掌握了全球市場。

日後半導體技術的勝負取決於誰能率先開發出領先的技術。哪一家公司能率先開發出比現在速度快一萬倍以上的奈米技術，就能稱霸全世界的電腦市場。

## 卓越的設計感

以技術爲根基，再加上卓越的設計，在行銷上就已經成功一半了。這是李健熙的其中一項經營方式。

變更行動電話中「通話」與「結束」這兩個按鍵的顏色與大小，就是根據李健熙的指示重新設計的。

## 隨時做好未來的準備

李健熙董事長曾指示三星各事業部門經理做好因應中國市場的準備，這是在一九九五年一月一日的事情。就如他所預期的，中國果然在五年之後開始在世界市場中現身。

三星在中國的行動電話市場佔有率爲第一名，還是最高價的行動電話產品。由此可見李健熙對於五～十之後的未來，早已做好因應。

李健熙預言二〇〇四年遊戲市場將凌駕於半導體市場之上。

## 善加運用結構調整本部

結構調整本部是三星最強的組織。

結構調整本部依照李健熙董事長的指示，樹立公司的經營方向與策略，以及展望整個集團的未來。裁撤不必要的組織，即使是藍字的營業成績，如果不是第一名的工廠也要進行重新改組。

眾所周知，三星結構調整本部的資料蒐集能力遙遙領先在國家情報局之上。情報資訊蒐集階段取得領先，在搶佔競爭市場中就已經贏得先機。

## 追求最好的員工福利

三星提供退職人員另一條生路。

CDC（Career Development Center，生涯規劃中心）是三星獨特的組織。

CDC爲退職人員找尋新工作，或是提供新的就業情報。因此出身三星的社員對公司的感激，更甚於其他企業的員工。

## 信賞必罰與成果報償主義

「舞弊不但是癌症，還是傳染病」，這是李健熙董事長說過的一句話。

舞弊與貪污是導致一家公司毀敗的最大原因。爲了防止舞弊，三星結構調整本部的監視小組甚至一一檢查洗手間中捲桶衛生紙的長度。

對於有功、有績效的職員給予升等或是獎金作爲鼓勵；沈溺舞弊或貪污者予以淘汰。也只有嚴格執行信賞必罰的原則，才能提高公司經營的透明度。

## 經營診斷的優秀性

原先赤字的事業部門，經過經營診斷之後情況逐漸好轉。

赤字事業部門就像是罹患了慢性病一般，經營診斷小組治療其患部，找出根本原因，幫助事業部門提升經營能力，使其具備創造藍字收益的能力。最具代表性的例子就是一九九九年銷售赤字的數位家電部門，在經過經營診斷之後，數位家電部門二〇〇〇年即締造了一兆元的銷售佳績。

最近，新羅飯店的經營團隊大幅度地萎縮。原因是某日李健熙董事長與公司三十位人員前往新羅飯店聚餐，感覺到服務人員的舉止相形於過去有些異樣。

李健熙隨即指示相關人員調查最近飯店業間服務人員的流動；同時也開始調查服務人員的薪資結構。後來果眞如李健熙所預料的，許多服務人員正計畫轉往薪資待遇更高的超特級飯店工作。

新羅飯店目前正針對這問題積極研擬對策。

## 超強的金牛事業

並不是每一項事業都能有藍字的佳績。然而也不能像過去一樣全部重新整頓。最近三星降低對半導體部門的依存度，而改由以行動電話、數位媒體、家電等事業部門分散集團的收益結構，成功地推行事業多元化的策略。

三星的投資組合能力是韓國財界的最高水準，各關係企業也各自擁有專責的投資顧問負責人（常務級）。三星電子如今是由半導體與數位家電、行動電話之間所形成的一種相輔相成的經營結構。

## 品牌形象的管理

三星的品牌價值為三九〇億美元，比起現代、LG、SK等公司合計還多出二十億美元以上。

一九九六年五月，三星依照李健熙董事長的指示：「從C級的三星品牌印象提升為A級的品牌印象」，並於一九九七年十二月提出具體改革方針。

海外各地法人機構動員五十五家世界級廣告公司，將「三星＝數位」的品牌印象，深植於全球消費者心中，成功地為三星塑造成最優良的企業。法國巴黎戴高樂機場的三星大型LO

GO，或是大英博物館中三星製造的韓國館都是代表性範例。

**國家圖書館出版品預行編目資料**

李健熙的第一主義：三星競爭力的核心，
眼光指向未來十年的企業家／
洪夏祥著；黃蘭琇譯.-- 初版.
-- 臺北市：大塊文化，2003 [民 92]
面：　公分.--(Touch ; 35)
譯自：Lee Kun Hee
ISBN 986-7600-22-3 (平裝)

1. 李健熙-傳記 2. 企業家-韓國-傳記 3. 企業管理

490.9932　　　　92020704

105 台北市南京東路四段25號11樓

| 廣　告　回　信 |
| --- |
| 台灣北區郵政管理局登記證 |
| 北台字第10227號 |

# 大塊文化出版股份有限公司　收

請沿虛線撕下後對折裝訂寄回，謝謝！

地址：□□□ ＿＿＿＿＿市／縣＿＿＿＿＿鄉／鎮／市／區

＿＿＿＿＿路／街＿＿＿段＿＿＿巷＿＿＿弄＿＿＿號＿＿＿樓

姓名：

大塊 LOCUS 文化

編號：TO035　書名：李健熙的第一主義

# 大塊文化 LOCUS 讀者回函卡

謝謝您購買這本書，爲了加強對您的服務，請您詳細填寫本卡各欄，寄回大塊出版 (免附回郵) 即可不定期收到本公司最新的出版資訊。

**姓名**：______________________ **身分證字號**：______________________

**住址**：______________________________________________

**聯絡電話**：(O)______________________ (H)______________________

**出生日期**：______年______月______日 E-mail: ______________________

**學歷**：1.□高中及高中以下 2.□專科與大學 3.□研究所以上

**職業**：1.□學生 2.□資訊業 3.□工 4.□商 5.□服務業 6.□軍警公教 7.□自由業及專業 8.□其他________

**從何處得知本書**：1.□逛書店 2.□報紙廣告 3.□雜誌廣告 4.□新聞報導 5.□親友介紹 6.□公車廣告 7.□廣播節目8.□書訊 9.□廣告信函 10.□其他___________

**您購買過我們那些系列的書**：

1.□Touch系列 2.□Mark系列 3.□Smile系列 4.□Catch系列
5.□tomorrow系列 6.□幾米系列 7.□from系列 8.□to系列

**閱讀嗜好**：

1.□財經 2.□企管 3.□心理 4.□勵志 5.□社會人文 6.□自然科學
7.□傳記 8.□音樂藝術 9.□文學 10.□保健 11.□漫畫 12.□其他_____

**對我們的建議**：______________________________________________

______________________________________________

______________________________________________

LOCUS

LOCUS

LOCUS

LOCUS